発見・体験！地球儀の魅力

❸ 地球儀を自作しよう！

監修／佐藤正志（白梅学園大学教授）　著／稲葉茂勝

少年写真新聞社

はじめに

　地球儀をじっくり見たことがありますか。いま、地球儀がしずかなブームとなっています。テレビや新聞で毎日のようにつたえられるニュースが、地球のどこからくるのか、地球儀を見ればすぐにわかります。地球温暖化が問題になっているいま、世界がひとつであることを地球儀をとおして実感できます。

　地球儀は、ただながめるだけでもたのしいですが、ニュースでよく耳にする国が、こんなところにあったのかと発見したとき、だれもが、小さな満足感をおぼえることでしょう。

　学習指導要領の改訂（2008年）により、小中学校では地球儀をつかった授業が多くおこなわれるようになりました。

・食料不足が問題になっている今日、日本へやってくる食料がどれだけのきょりをはこばれてくるのか？
・世界のどこで紛争が起きているのか？
・地球全体の気候がおかしくなっているなか、どこで大災害が起きているのか？

●

　このシリーズはつぎの3巻構成になっています。

❶地球儀について調べよう！
パート1：地球儀の歴史　パート2：いろいろな地球儀　パート3：資料編

❷めざせ！ 地球儀の達人
パート1：地球儀からわかること　パート2：地球儀の活用術
パート3：こんなことをやってみよう！　パート4：資料編

❸地球儀を自作しよう！
パート1：多面体地球儀　パート2：つくりかたの創意工夫
パート3：資料編

　「地球儀はもっとも正確な地図」といわれています。丸い地球の方位やきょり、面積を正確にあらわせるのは地球儀だけだからです。

　さあ、このシリーズをよく読んで、地球儀の魅力を知り、つかいこなせるようになってください。

もくじ

はじめに ……………………………………………………………… 2

パート1 多面体地球儀

1. 正多面体の発見 ……………………………………………… 4
2. 多面体とその展開図 ………………………………………… 6
3. 地球のスケッチ ……………………………………………… 8
- コラム 厚紙でサッカーボールをつくろう！ ……………… 10
- コラム サッカーボール天体をつくろう！ ………………… 12
- コラム 太陽系モビールをつくろう！ ……………………… 14
4. 展開図に地図をえがく ……………………………………… 16

パート2 つくりかたの創意工夫

1. バナナとリンゴの皮むき …………………………………… 22
2. 円盤地球儀 …………………………………………………… 26
3. 首都の緯度・経度 …………………………………………… 30
- コラム 紙地球儀のスタンドをつくろう！ ………………… 32

パート3 資料編

1. 世界の国のおもな都市の時差 ……………………………… 33
2. サマータイムってなに？ …………………………………… 35
- コラム 円柱地球儀をつくろう！ …………………………… 36

さくいん ……………………………………………………………… 38

パート1 多面体地球儀

1 正多面体の発見

紀元前3、4世紀ごろのギリシャでは、均整のとれた形が美しいとされ、正多角形や円、正多面体や球がこのまれていたといわれています。

🌐 正多面体とは？

正多面体は、すべての面がおなじ形・大きさ（合同）の正多角形（すべての辺がおなじ長さ）でできている多面体のことです。

このような正多面体は、古代ギリシャの哲学者プラトン（紀元前427年－紀元前347年）の著書『ティマイオス』のなかにも出ていることから、プラトンの時代以前から5種類の正多面体が知られていたことがわかります。しかも、正多面体が5種類しかないことは、プラトン以前に活躍していた哲学者・数学者のピタゴラス（紀元前6世紀）により証明されていたという説があります。

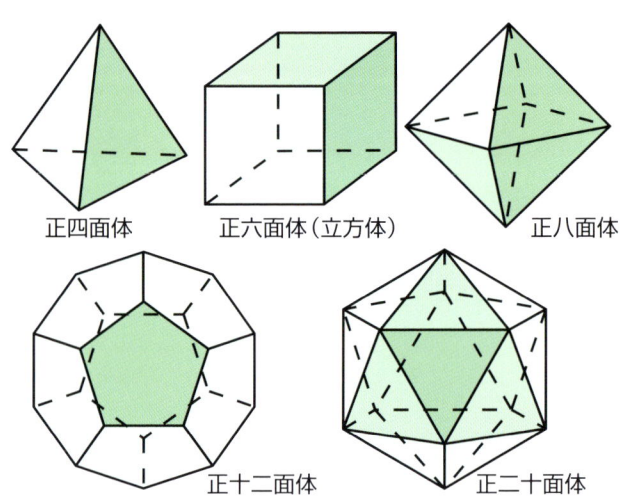

正四面体　正六面体（立方体）　正八面体
正十二面体　正二十面体

これも正多面体？

右の図形は、正四面体2つを重ねてできる六面体です。これは、すべての面が正三角形なので、「すべての面が合同な正多角形でできている」という、正多面体の規定にあてはまります。ところが、この図形は正多面体とはよびません。なぜなら、正多面体には、「各頂点に集まる面（辺）の数がすべておなじでなければならない」というもうひとつの規定があるからです。

古代ギリシャの哲学者・数学者のピタゴラス（左）と、哲学者のプラトン（右）。

円と多角形、球と多面体

円は、角が無限に（かぎりなくたくさん）ある多角形です。円と多角形の関係は、正三角形、正四角形ではよくわかりませんが、角の数がふえてくると、多角形が円に近づいていくことがわかります。正十二角形、正十六角形、正二十四角形、正三十六角形ともなると、だんだん円に近づいていくのがよくわかります。このように、円は正多角形の角が無限にふえた形だといえるわけです。

このことは、球でもおなじです。球は、多面体の面がかぎりなくふえたときの形だといえるのです。

ただし、左ページで見たように正多面体は5種類しかありません。そのため、面の形がすべておなじというわけにはいきません。

たとえば、十四面体や二十六面体（→p7）は、面の形が三角形と四角形の2種類あります。また、サッカーボールは、正五角形と正六角形でできています。このように、多面体の面の数がかぎりなくふえていくと、球に近づいていくわけです。

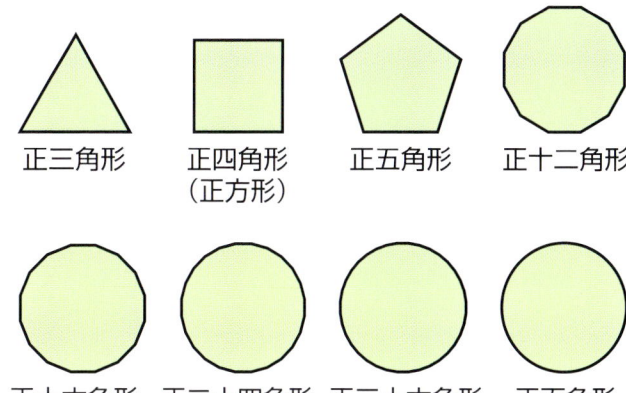

正三角形　正四角形（正方形）　正五角形　正十二角形

正十六角形　正二十四角形　正三十六角形　正百角形

下の写真は、紙でつくったサッカーボール型地球儀（→p10）です。この写真のサッカーボールを、よりなめらかな球になるように頂点（とがった部分）を切りとってみましょう。だんだん丸い地球儀に近づいていくことが、想像できるでしょう。

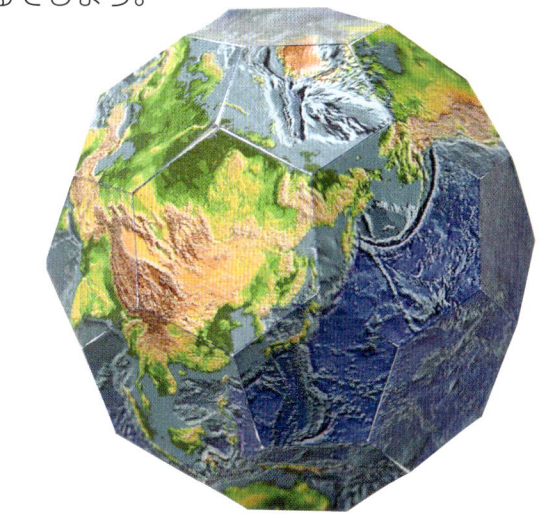

約480面の多面体。

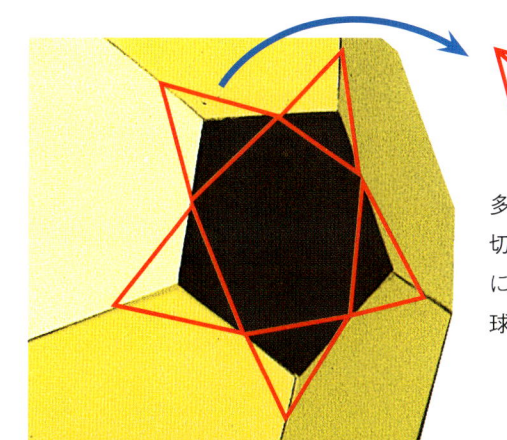

多面体の頂点を切りおとして面にしていくと、球体に近づく。

2 多面体とその展開図

厚紙で多面体をつくるには、展開図が必要です。ここでは、いくつかの多面体の展開図を紹介しましょう。

展開図とは？

展開図は、多面体を辺で切りひらいた状態を平面に書いた図のこと。多面体の設計図です。ひとつの多面体から、いろいろな展開図が書けます。

厚紙に展開図を書くときには、組み立てる際にのりをつける「のりしろ」をつくっておかなければなりません。ここでは、のりしろつきの展開図を紹介しましょう。

● **正六面体（立方体）の展開図**

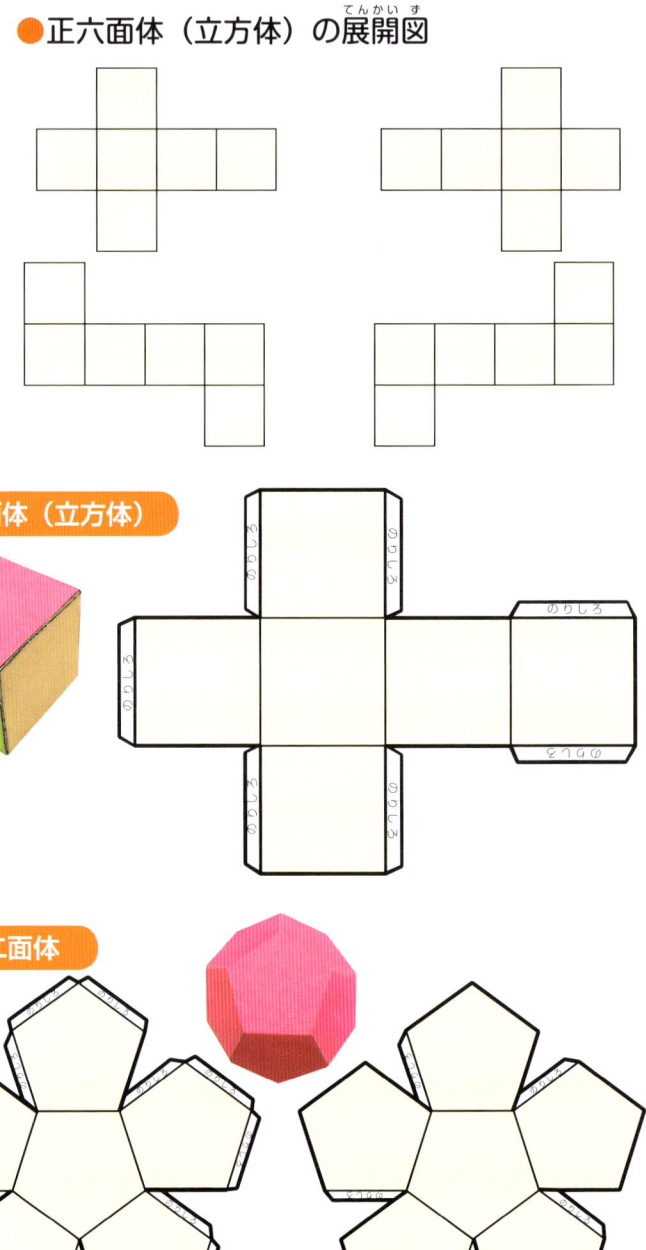

正四面体

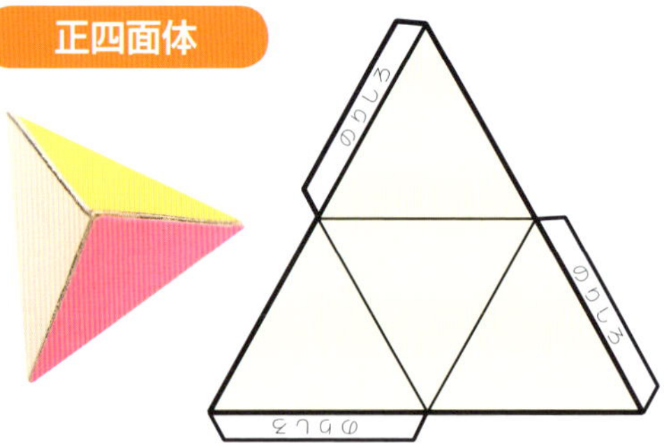

正六面体（立方体）

正八面体

正十二面体

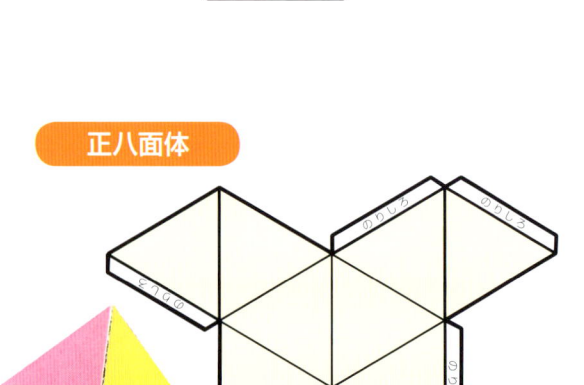

パート1 多面体地球儀

正二十面体

十四面体

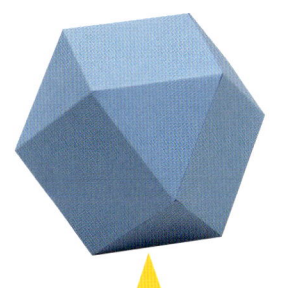
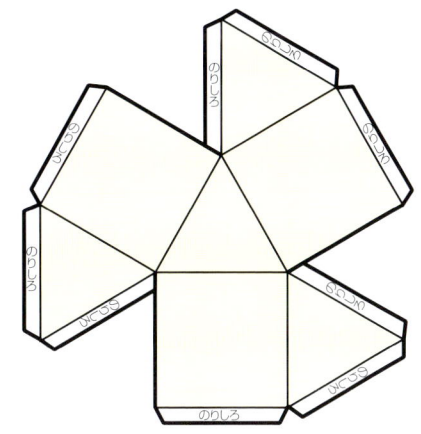
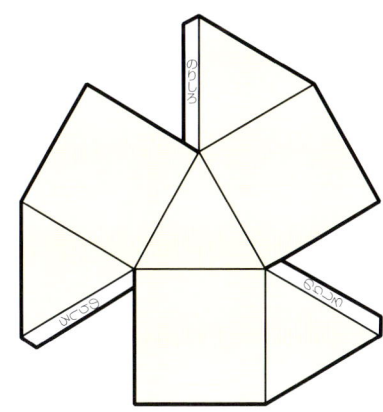

十四面体は、正三角形が8こと正方形が6こでできているよ。

二十六面体

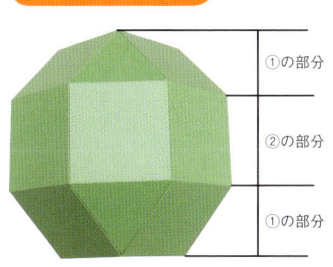

①の部分
②の部分
①の部分

①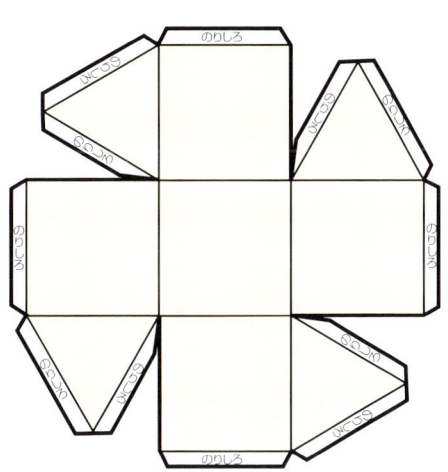
①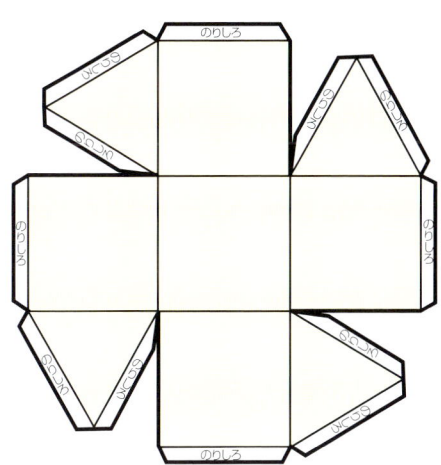

二十六面体は、正三角形8こと正方形18こでできているよ。

②

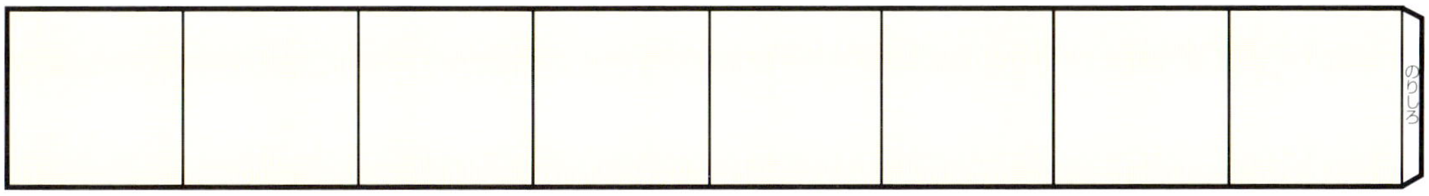

3 地球のスケッチ

多面体で地球儀をつくるには、それぞれの面に地球をえがけばよいわけですが、どの面に地球のどのあたりを書くかが問題です。

🌐 組み立ててスケッチする

厚紙に多面体の展開図（→p6）を書いて、それを切って組み立てて多面体をつくります。地球儀を見ながらその面にスケッチしていくと、地球儀になります。

地球儀と多面体をともに回転させて、見える範囲（→p9）をできるかぎり正しくえがいていかなければなりません。スケッチで正確にえがくのはとてもむずかしいですが、つぎの手順にしたがって、より正確なものをえがいてください。正八面体の場合で、見てみましょう。

1 赤道を書く。

2 4つのたての辺上に、緯度をしめす点を10度ごとに（赤道の上下にそれぞれ10度〜80度の8つ）記す。定規をつかって、赤道と平行になるように点と点を結んで横の線（緯線）を引く。

3 4本のたての辺の1つに経度0度の経線を書く。

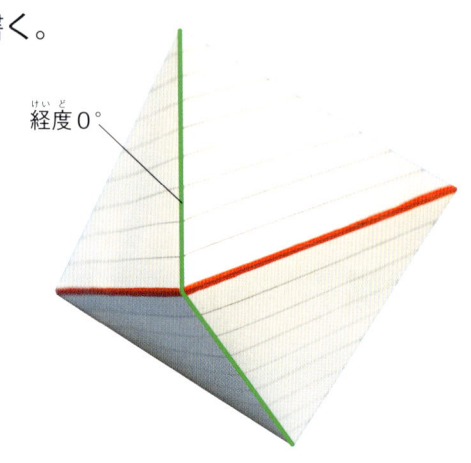

4 赤道上に、経度0度から左右両方向へ、30度ごとに（30度、60度〜150度）点を記す。定規をつかって、北極点と南極点を結ぶたての線（経線）を引く。

パート1 多面体地球儀

5 地球儀を見ながら、経度0度、北緯50〜60度のあたりにイギリスの形をえがくことからはじめ、日本、オーストラリアなど、自分なりに基準となる国をさきにえがく。そのあとで、基準とした国のまわりをえがく。

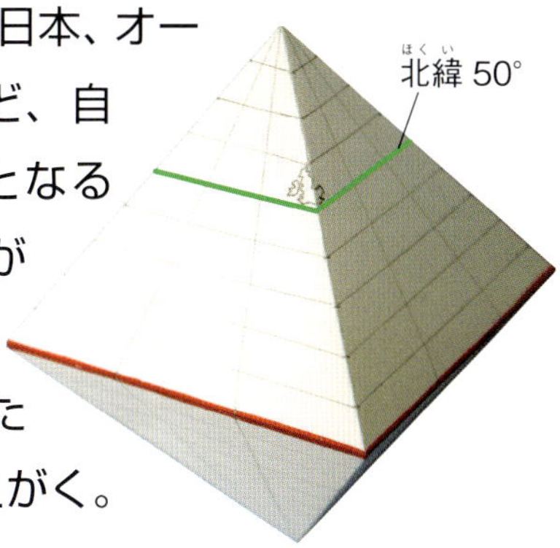

6 最後に、地球儀をよく見ながら、できるだけ正確に地球のようすをスケッチしていく。

北緯 50°

地球儀のコマどり写真

ここにのせた24枚の写真は、スケッチの資料。地球儀を経度0度から15度ずつ回転させて撮影した。

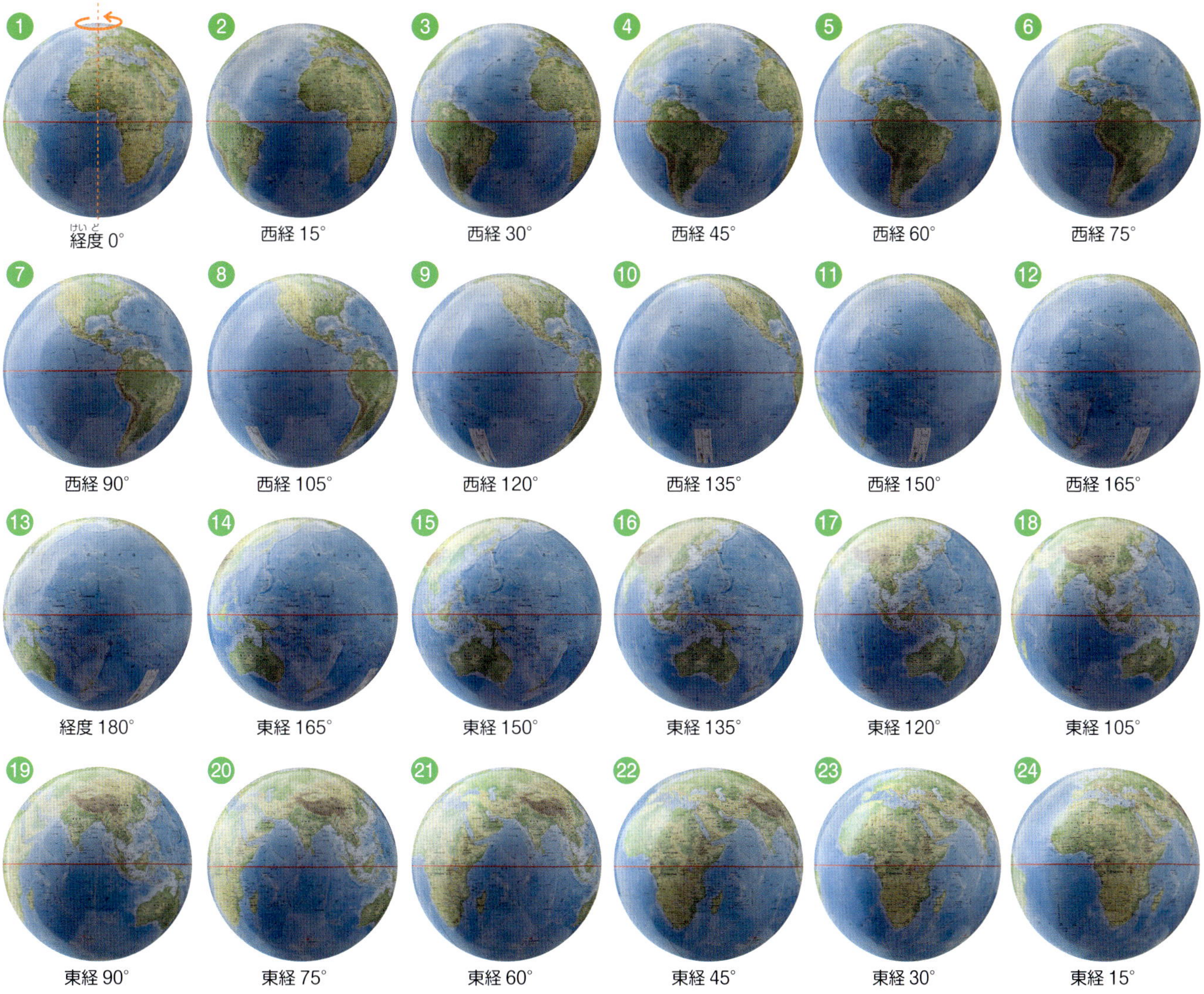

① 経度 0°
② 西経 15°
③ 西経 30°
④ 西経 45°
⑤ 西経 60°
⑥ 西経 75°
⑦ 西経 90°
⑧ 西経 105°
⑨ 西経 120°
⑩ 西経 135°
⑪ 西経 150°
⑫ 西経 165°
⑬ 経度 180°
⑭ 東経 165°
⑮ 東経 150°
⑯ 東経 135°
⑰ 東経 120°
⑱ 東経 105°
⑲ 東経 90°
⑳ 東経 75°
㉑ 東経 60°
㉒ 東経 45°
㉓ 東経 30°
㉔ 東経 15°

コラム 厚紙でサッカーボールをつくろう！

写真のサッカーボールは、正五角形と正六角形が組みあわさってできています。厚紙サッカーボールのつくりかたを、くわしく紹介しましょう。

正五角形12枚＋正六角形20枚

写真のサッカーボールは、12枚の正五角形と20枚の正六角形を組みあわせた三十二面体になっています。つぎのような手順でつくってみましょう。

準備するもの
- 厚紙（工作用紙）
- ボンド、またはセロハンテープ
- はさみ、またはカッター

1 このページをコピーして厚紙にはりつけ、外側の線にそって切りとる。拡大コピーして大きくつくるとやりやすい。

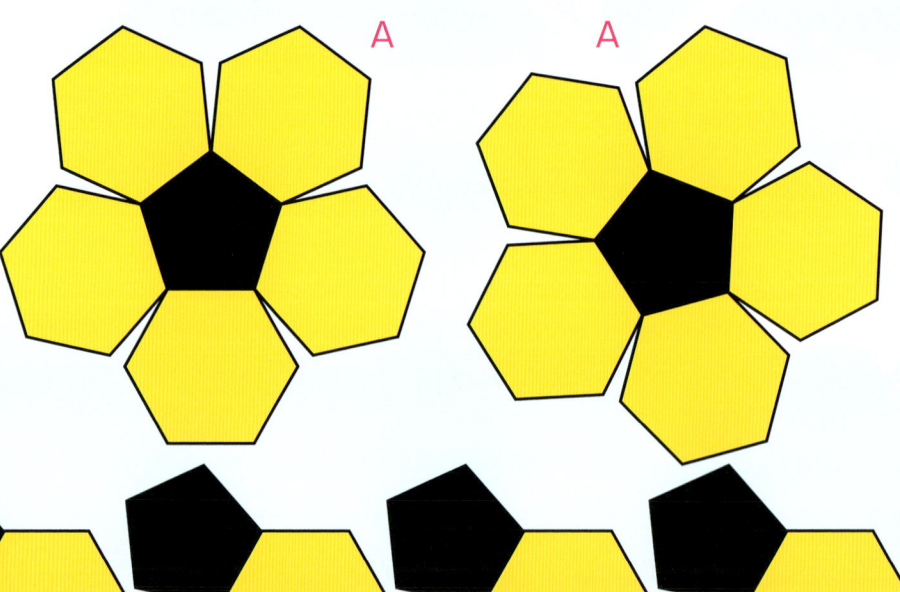

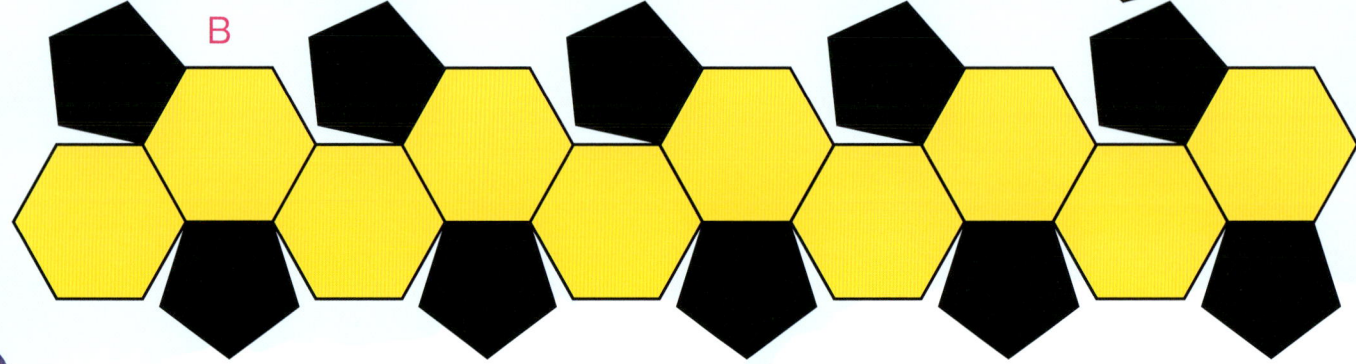

2 Aの部分から組み立てる。となりどうしの線がくっつくようにあわせ、ボンドかセロハンテープでとめる。セロハンテープをつかう場合は、裏側からとめる。

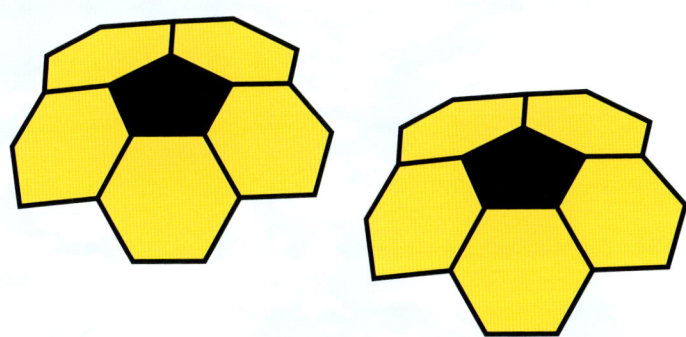

3 Bの部分も、おなじようにとめる。

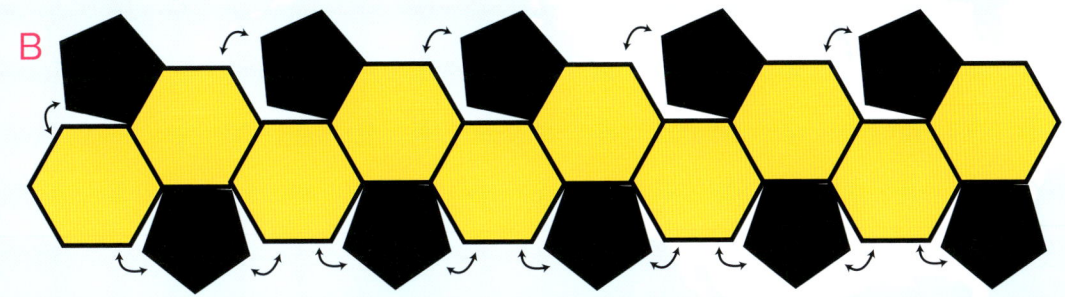

すきまができないようにうまくあわせてとめるようにしよう。

4 できあがったBに、**2**でつくったAを、ふたをかぶせるようにしてさかい目をあわせてとめる。

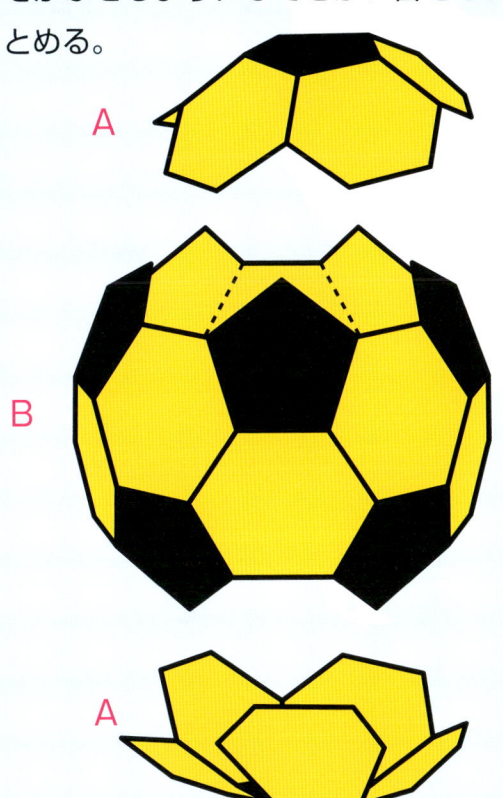

コラム サッカーボール天体をつくろう！

さあ、こんどは写真を見ながら、月や火星などの天体をサッカーボールのキャンバスにえがいていきましょう。模様や色ができるだけおなじになるように！

火星と月の写真

模様や色がわかりやすいように、火星儀と月球儀（→1巻p26）を少しずつ回転させたのが下の写真です。火星にも、月のようにクレーターがあることがわかります。太陽系の天体のなかでも、火星や月は、地球から近いこともあり、比較的研究が進んでいます。

● 火星儀の写真

● 月球儀の写真

火星儀（上）と月球儀（下）を少しずつ回転させたところ。肉眼では見えない火星の模様や、地球からは見えない月の裏側のようすがわかる。

実際の例

下の写真は、火星、金星、木星を、サッカーボール型（→p10）につくったものです。これらは、地球とちがって、さまざまな角度から見ることができないので、想像力をはたらかせてえがかなければなりませんね。

●木星

●火星

●金星

月が地球にいつもおなじ面を向けているわけ

地球から月を見ると、いつもおなじ面（表側）しか見えません。これは、月が地球のまわりを1回転する公転周期と、月の自転周期が、ともに約1か月で等しいためです。つまり、地球のまわりを4分の1まわる（公転する）あいだに、月も4分の1回転（自転）します。このようすは、右の図をよく見て想像すると理解できます。

月の裏側は、長いあいだ人類にとって未知の領域でした。しかし、1959年には、ソビエト連邦（現在のロシア）が打ちあげた探査機ルナ3号が、世界ではじめて月の裏側を撮影。その後、アメリカのアポロ宇宙船が月におりたって裏側をまわるなど、しだいに月の裏側のことがわかってきました。

1969年、月面着陸に成功したアポロ11号。

■月の公転と自転

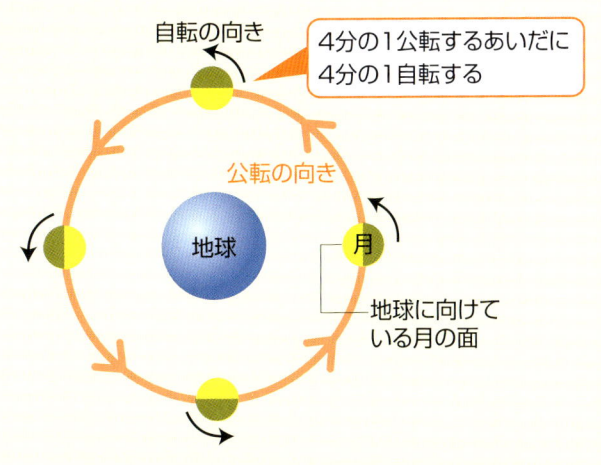

コラム 太陽系モビールをつくろう！

太陽のまわりには、水星、金星、地球などの惑星がまわっています。ここでは、そのようすを感じられる模型のつくりかたを紹介します。

太陽系モビールの例

| 太陽 | 水星 | 金星 | 地球 | 火星 | 木星 | 土星 |

　上は、13ページで紹介したサッカーボール天体を、つり糸と竹ひごでつるしたモビールです。右ページでは、巨大な太陽のまわりを惑星がまわり、地球のまわりを月がまわっているようすがつかめます。ただし、実際には太陽や各惑星の大きさやきょりは、きょくたんにちがうので、公転のイメージだけをあらわしています。

※上の写真では、土星より遠い惑星は省略した。

■太陽系の惑星

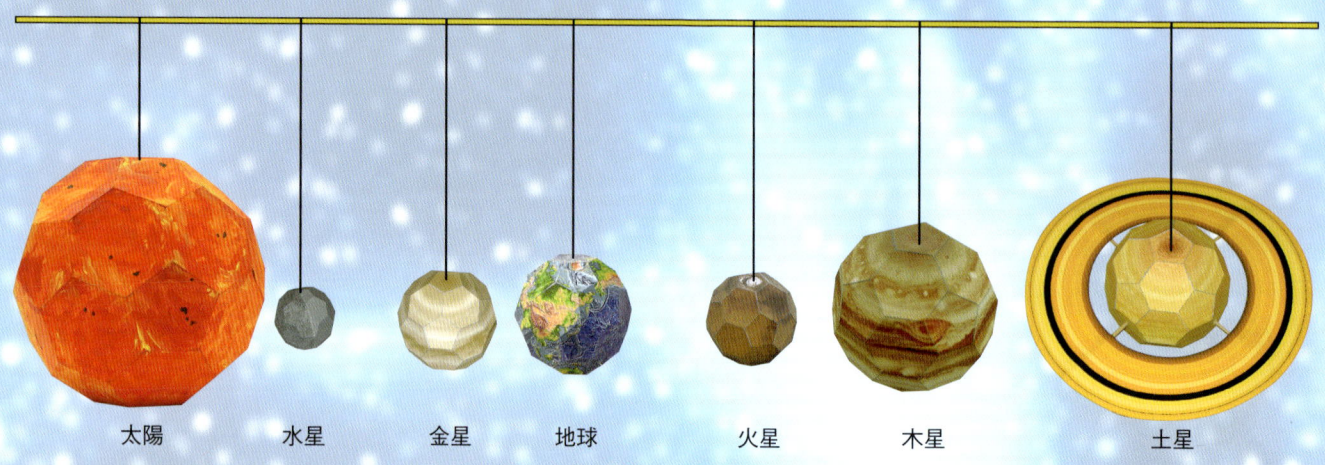

太陽／水星／金星／地球／火星／木星／土星／天王星／海王星

© NASA/courtesy of nasaimages.org

モビールのつくりかた

1 それぞれの惑星の大きさにあわせた適当な大きさのサッカーボール天体をつくり、つり糸をセロハンテープでしっかりとめる（糸の長さもそれぞれ適当に決める）。

※木星、土星の模様は、図鑑などで調べて色づけする。

> ✂ **準備するもの**
> ● つり糸　● 竹ひご　● 細い棒
> ● セロハンテープ、のり　● 絵の具、マーカー
> ● はさみ、またはカッター

2 地球と月、木星と４つの月（ガリレオ衛星）、土星と輪（適当な大きさでつくる）を、図のように竹ひごにつるす。

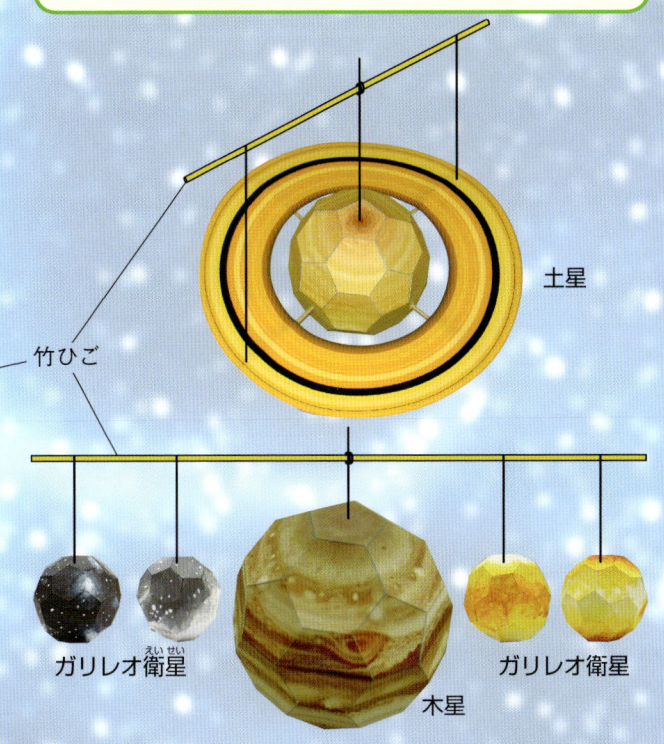

3 細い棒の中央に太陽をつるし、そのまわりに、水星、金星、地球、火星、木星、土星をつるす。

4 最後に3でつくったものを糸でつるし、棒を動かしてつりあいを調整する。

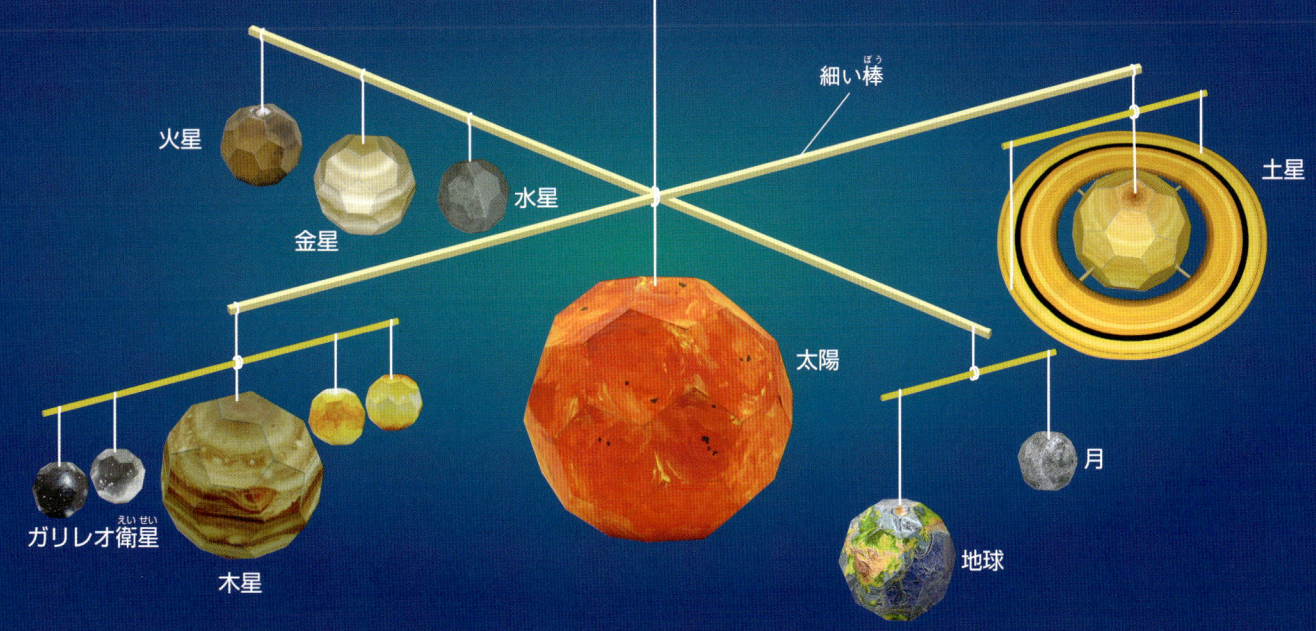

4 展開図に地図をえがく

多面体を組み立ててから地球のようすをうつすのと、あらかじめ展開図に地図をえがいてから組み立てるのとでは、どっちがむずかしいでしょう。

展開図に地図をえがくのは？

じつは、展開図に地図をえがくのは、かんたんにできることではありません。どの面にどのようにえがけば、組み立てた状態でとなりどうしの面がうまくつながるかは、コンピューターで計算する必要があります。

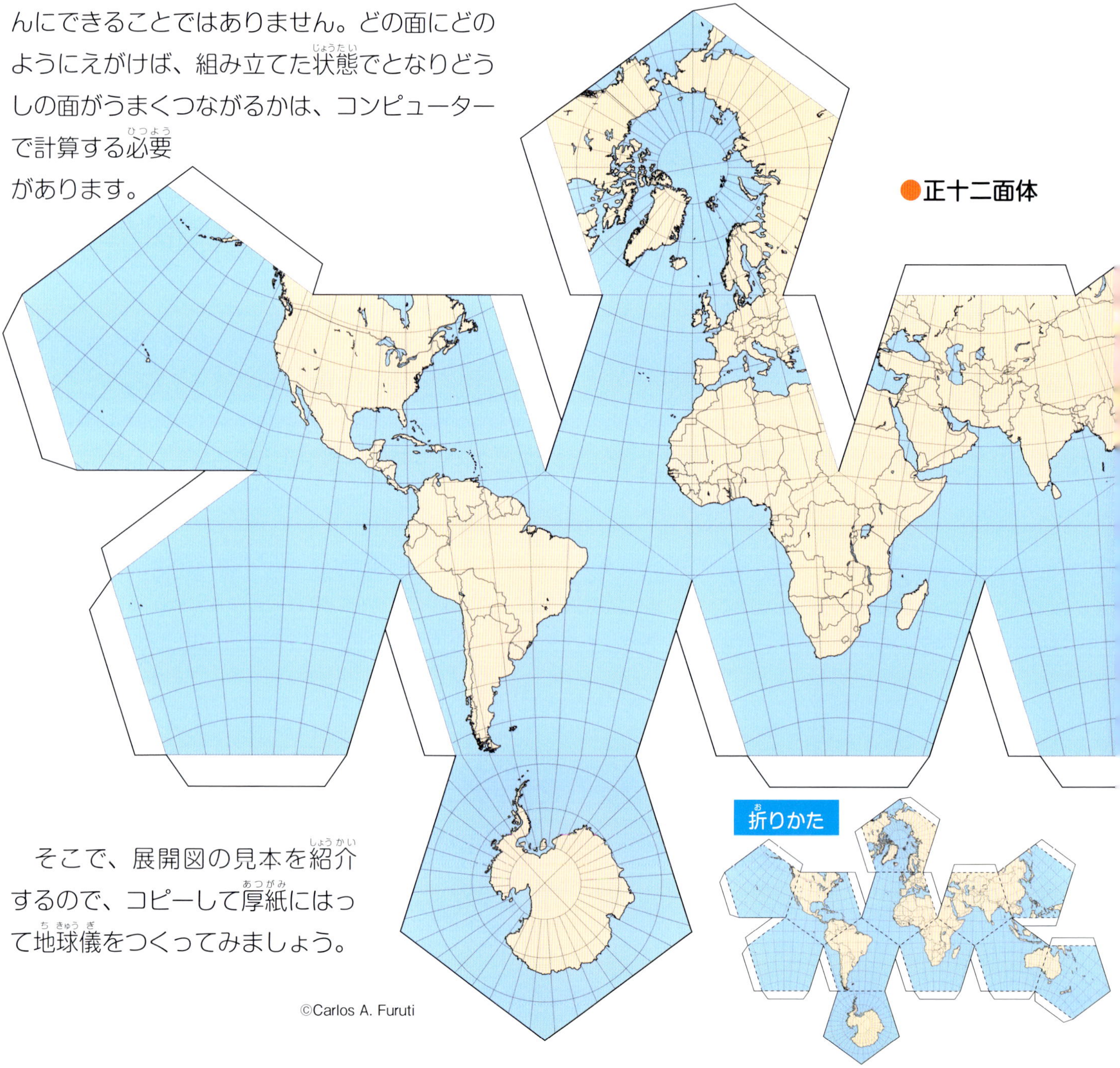

●正十二面体

そこで、展開図の見本を紹介するので、コピーして厚紙にはって地球儀をつくってみましょう。

©Carlos A. Furuti

折りかた

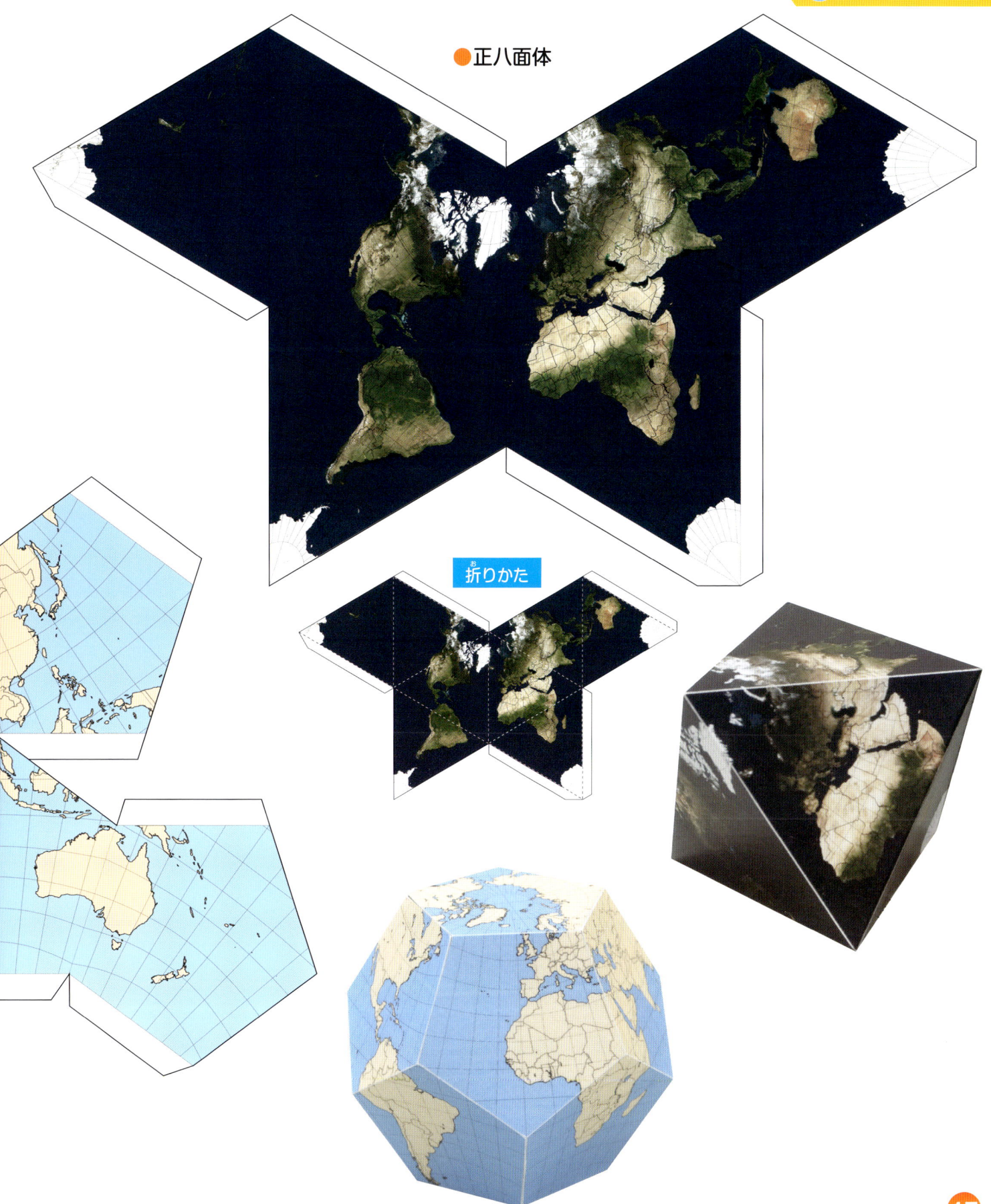

●正二十面体

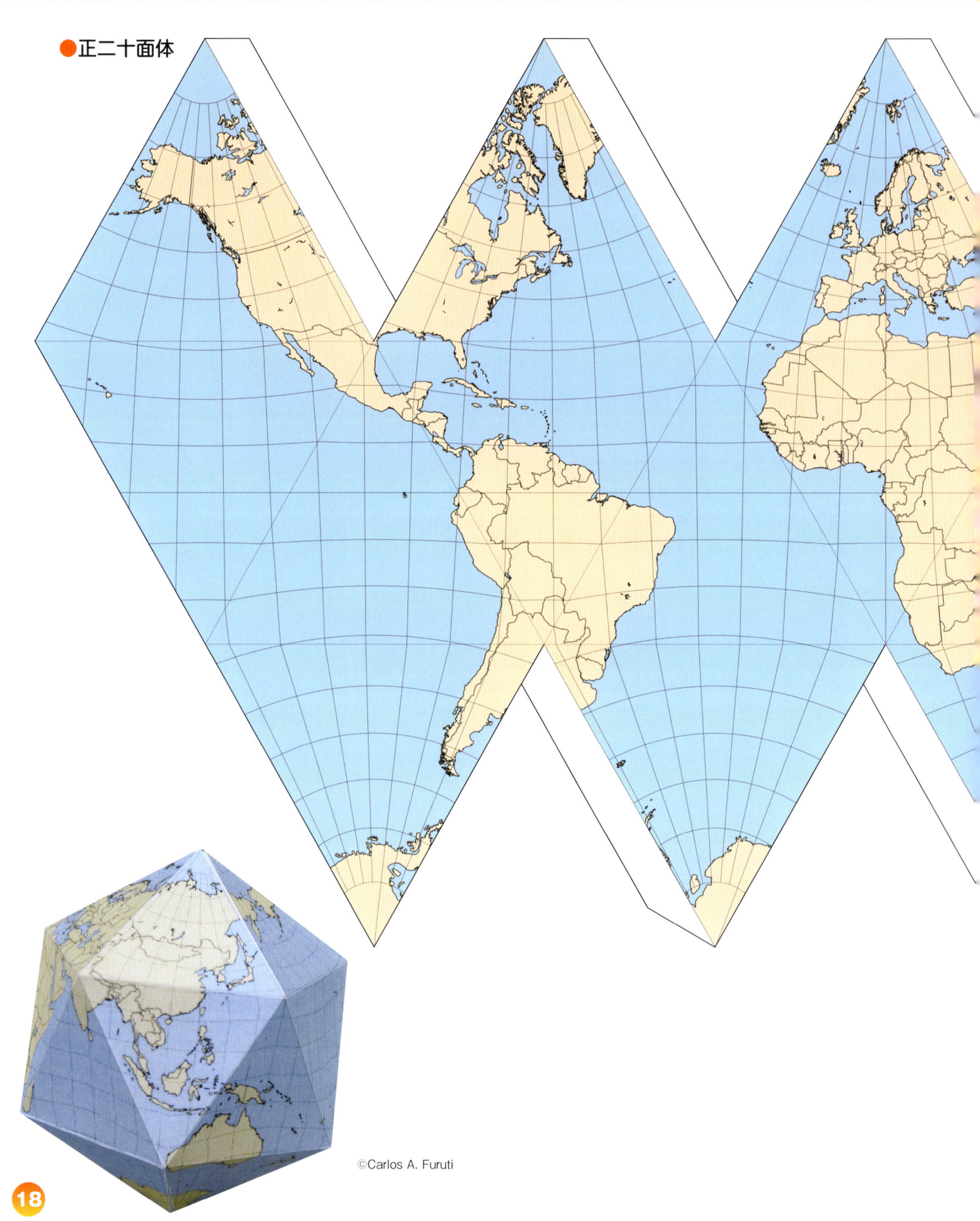

©Carlos A. Furuti

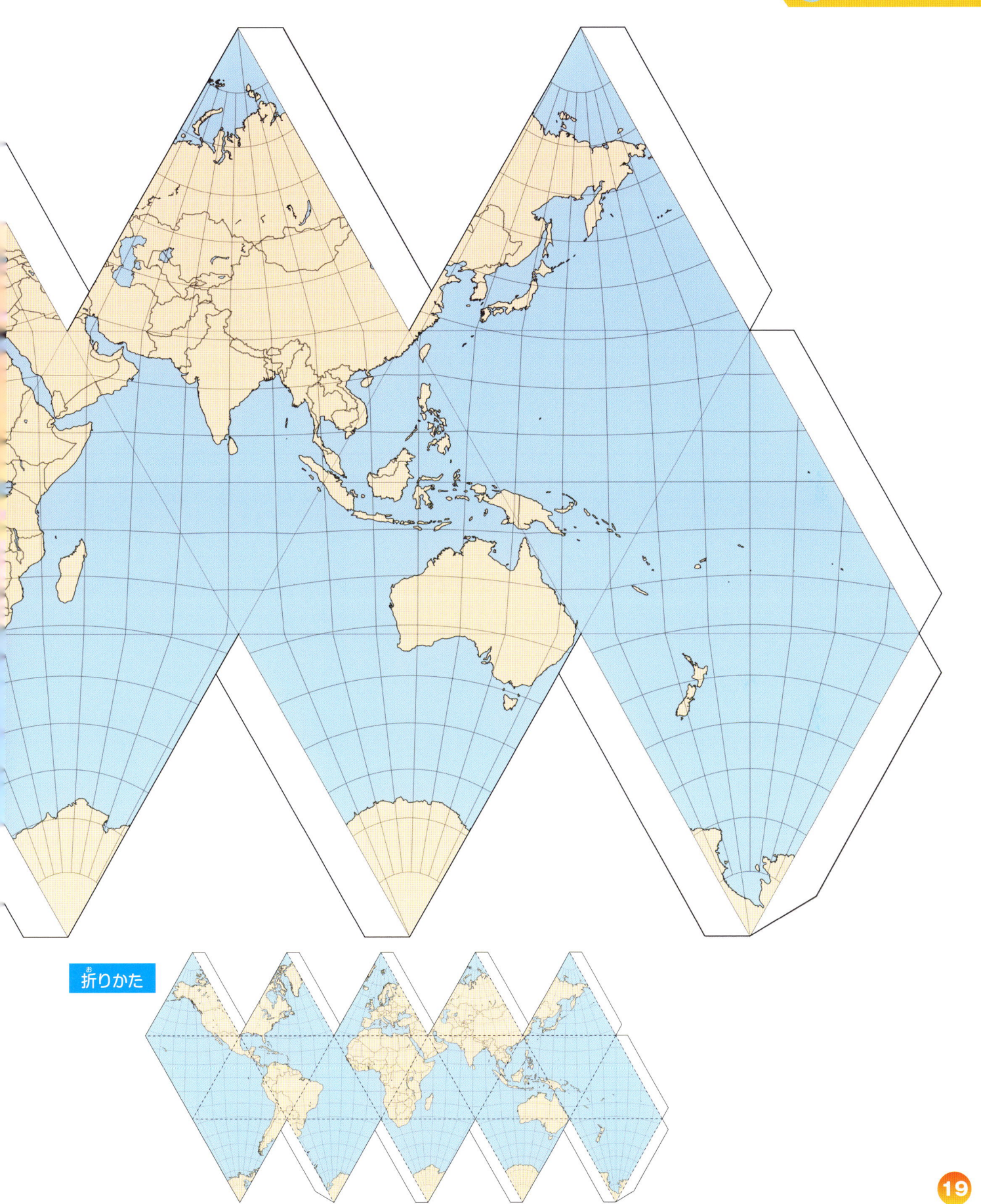

多面体地球儀

折りかた

●サッカーボール型

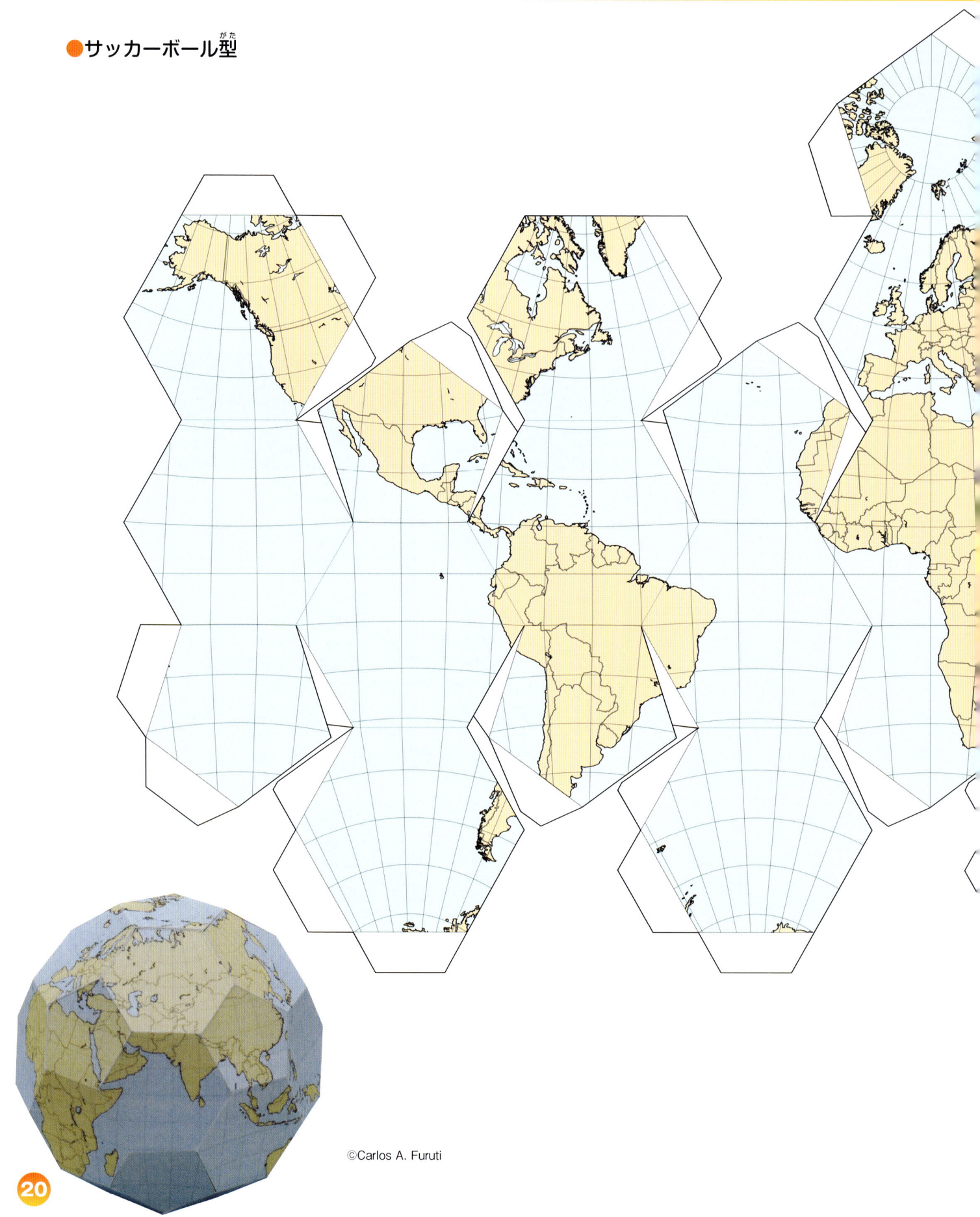

©Carlos A. Furuti

パート1 多面体地球儀

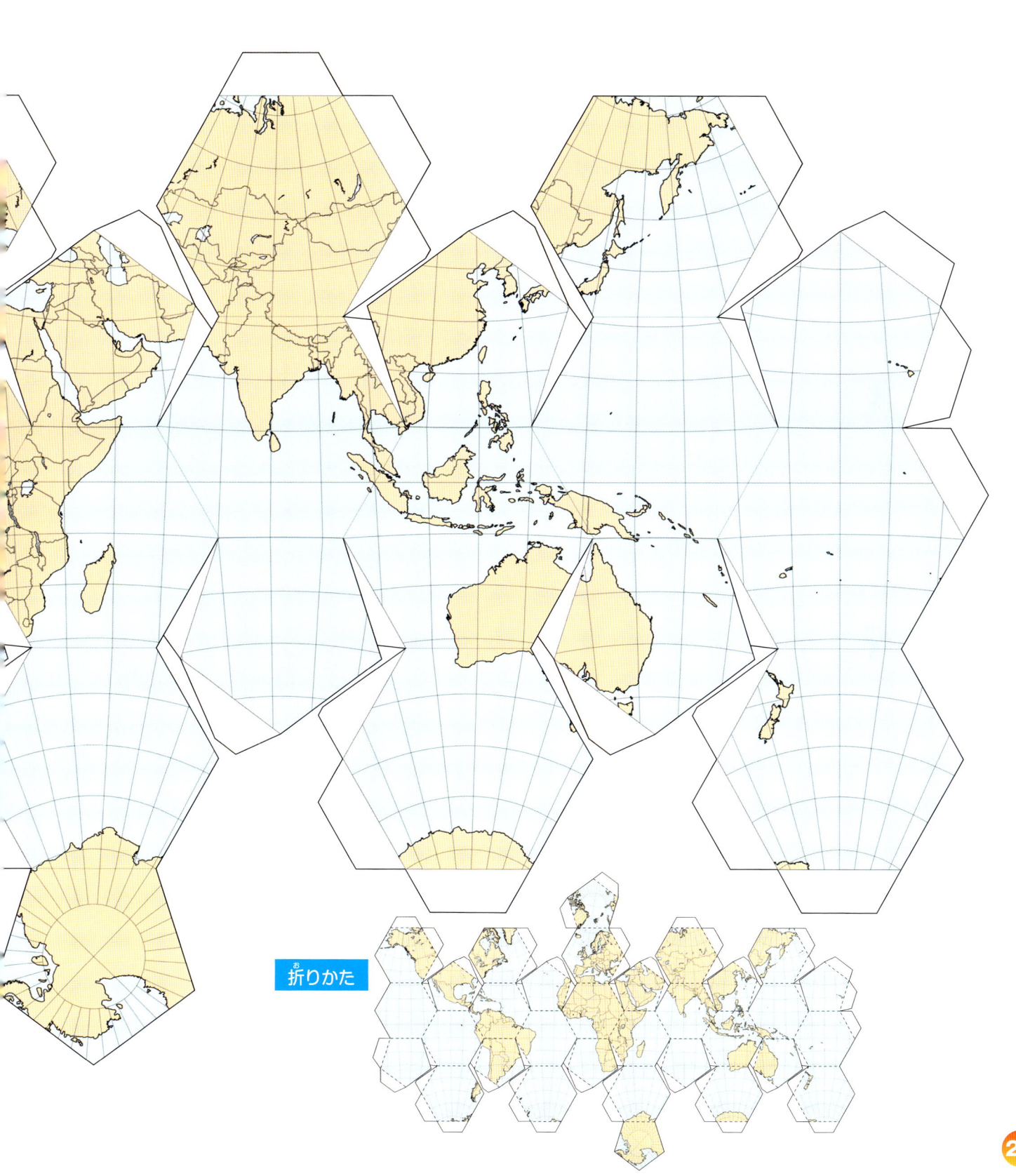

折りかた

21

パート2 つくりかたの創意工夫

1 バナナとリンゴの皮むき

へんなタイトルに、なに？ と思うかもしれませんが、これは地球儀のつくりかたの原理をあらわしているのです。

🌐 むいた皮はどうなる？

バナナの皮をむいているところを思いうかべてみましょう。しかも、ふつうのバナナではありませんよ。まん丸なバナナの皮をむくと、想像してみましょう。

バナナの皮はふつうにむけば、3〜4枚になりますが、ここでは、9〜12枚にむくのです。すると、むいた皮は下のような形になります。

いっぽう、リンゴの皮をむくとどうなるでしょうか。バナナとちがって、皮はナイフでむきます。すると、下のような形になりますね。

むいたバナナの皮を12枚ならべたところ。

リンゴの皮を、とちゅうで切れないようにむいたところ。

パート2 つくりかたの創意工夫

🌐 バナナ型

　こんどは、むいたバナナの皮に地球の絵をえがき、球体にはりつけてみましょう。

　下の写真は、12枚にむいたバナナの皮のような形（「舟底形」または「紡錘形」とよぶ）に、コンピューターで地球の地図をえがいたものを切りとって、それをピンポン球（直径40mm）にはっているところです。また、厚紙にはりつけてから、組み立てることもできます。

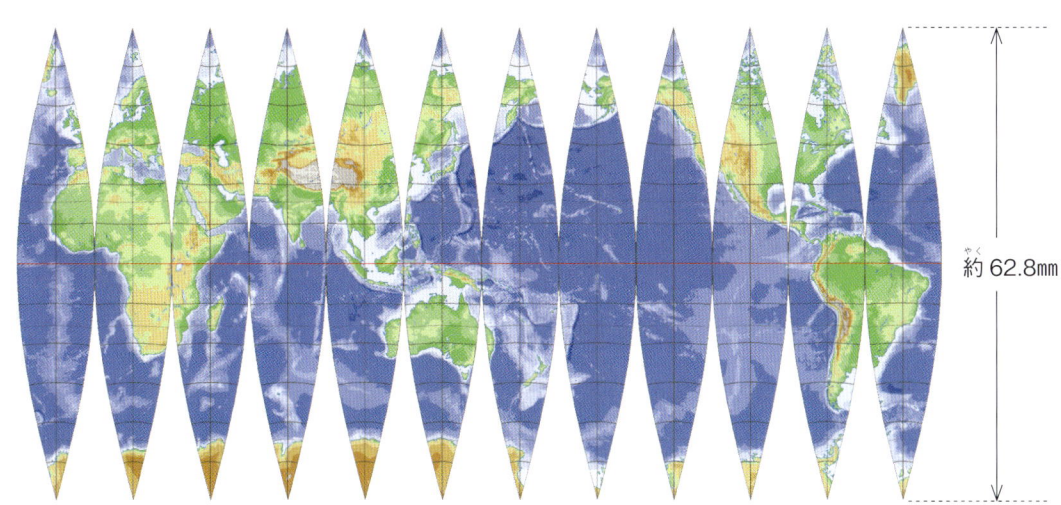

約62.8mm

※原寸大

■ピンポン球

舟底形にえがかれた世界地図を、線にそって切りぬく。

ピンポン球に地図をはりつけはじめたところ。

赤道からはりつけていくと、ずれが少なくなる。

完成。しわができないようにはるのは、むずかしい。

■厚紙

上の図を拡大コピーして厚紙にはったところ。

のりが完全にかわいてから、線にそって切りぬく。

裏側からセロハンテープでとめていく。

完成。最後の1枚をとめるには、セロハンテープを先に内側にはるなど、工夫が必要。

🌐 リンゴ型

リンゴ型できれいな球体をつくるには、2枚の皮を組みあわせます。

※平面の世界地図をもとにこの形をつくったため、北極と南極は正しい比率より大きくあらわされている。

1 2枚の地図を、コピーして厚紙にはり、切りぬく。

準備するもの
- 厚紙（工作用紙）
- セロハンテープ
- はさみ、またはカッター

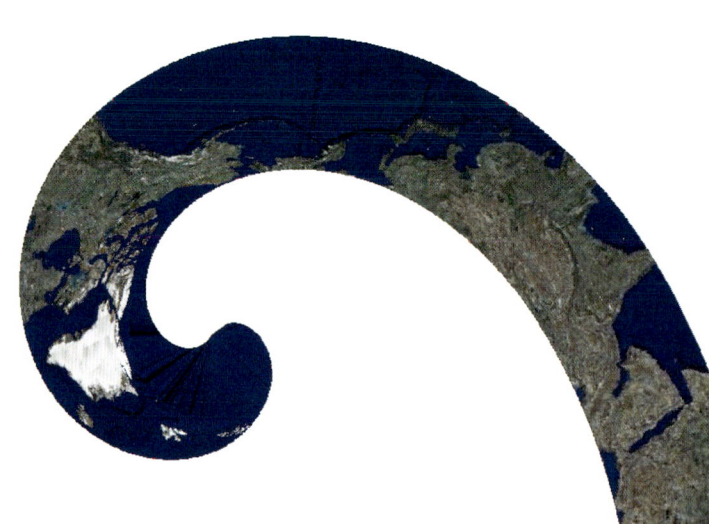

2 北極または南極から、地図をはりあわせていく。

パート2 つくりかたの創意工夫

3 地球の形に丸みがついたところで、完成！（中央の写真）

リンゴ型地球儀の内側。セロハンテープを短く切ってつかうと、組み立てやすい。

25

2 円盤地球儀

1では特別な展開図をつかって球体に近いものをつくりましたが、ここでは、まったくちがった発想で球体をつくってみましょう。

🌐 円盤で球をあらわす

厚紙でつくった円盤を重ねると、円柱ができます（①）。円盤の半径をだんだん小さくしていくと、円錐になります（②）。半径をしだいに大きくしていき、ふたたび小さくしていけば、円錐を上下にあわせた立体になります（③）。

このように重ねる形をかえていけば、さまざまな形になり、そして、球体にもなるのです。

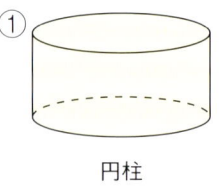
① 円柱

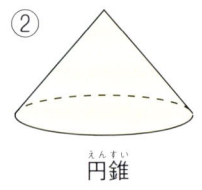
② 円錐

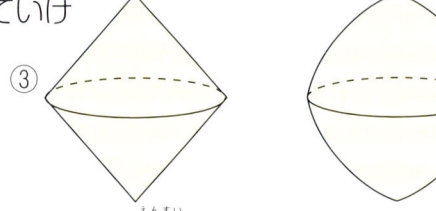
③ 円錐を上下にあわせた立体

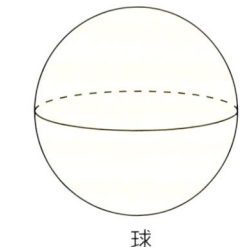
球

🌐 重ねる紙をへらす

半径が5cmの球体を上のやりかたでつくる場合、厚さ1mmの厚紙なら、円盤が98枚必要になります（上下の頂点とのりの厚さは考えないものとする）。

それだけの円盤をつくるのもたいへんです。

そこで考えたのが、下の写真の円盤地球儀です。たての円盤に、半径のことなる5枚の円盤を横にさしこんでつくります。これは、5枚の円盤のあいだにあるべき円盤がはぶかれた構造になっています。

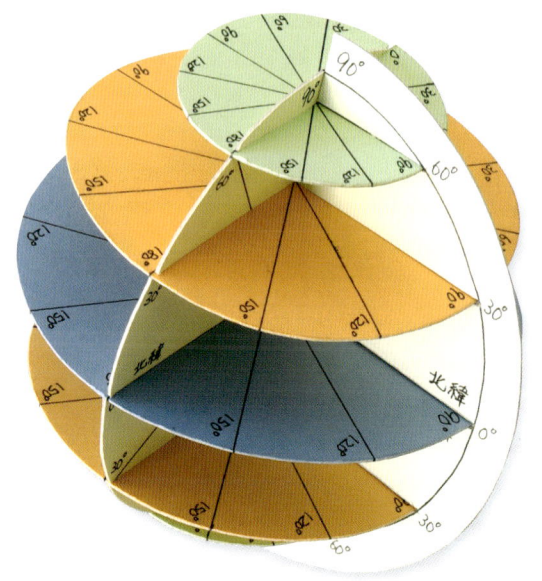

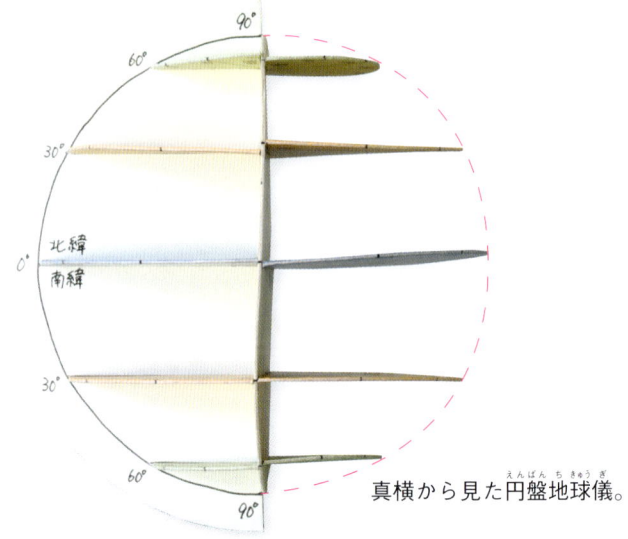
真横から見た円盤地球儀。

6.5枚円盤地球儀

厚紙で円盤を6枚と、半円盤を1枚切りとって、ユニークな形の地球儀をつくってみましょう。

準備するもの
- 厚紙（工作用紙）
- ボンド
- コンパス
- 定規
- 分度器
- はさみ、またはカッター

1 半径6cmの円を書き、表と裏の両面に下のように線を引き、切りとって円盤1をつくる。

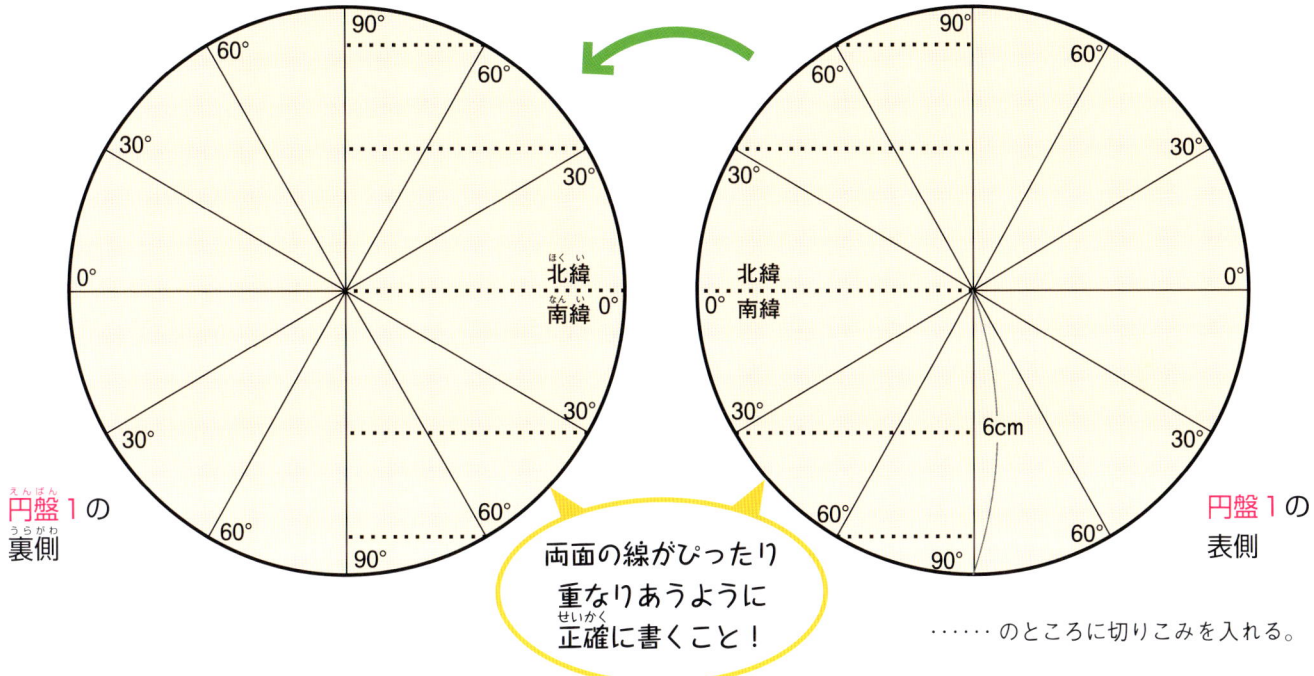

両面の線がぴったり重なりあうように正確に書くこと！

……のところに切りこみを入れる。

円盤1の裏側 ／ 円盤1の表側

2 半径6cmの円を書き、下のように線を引いてから切りとって円盤2をつくる。

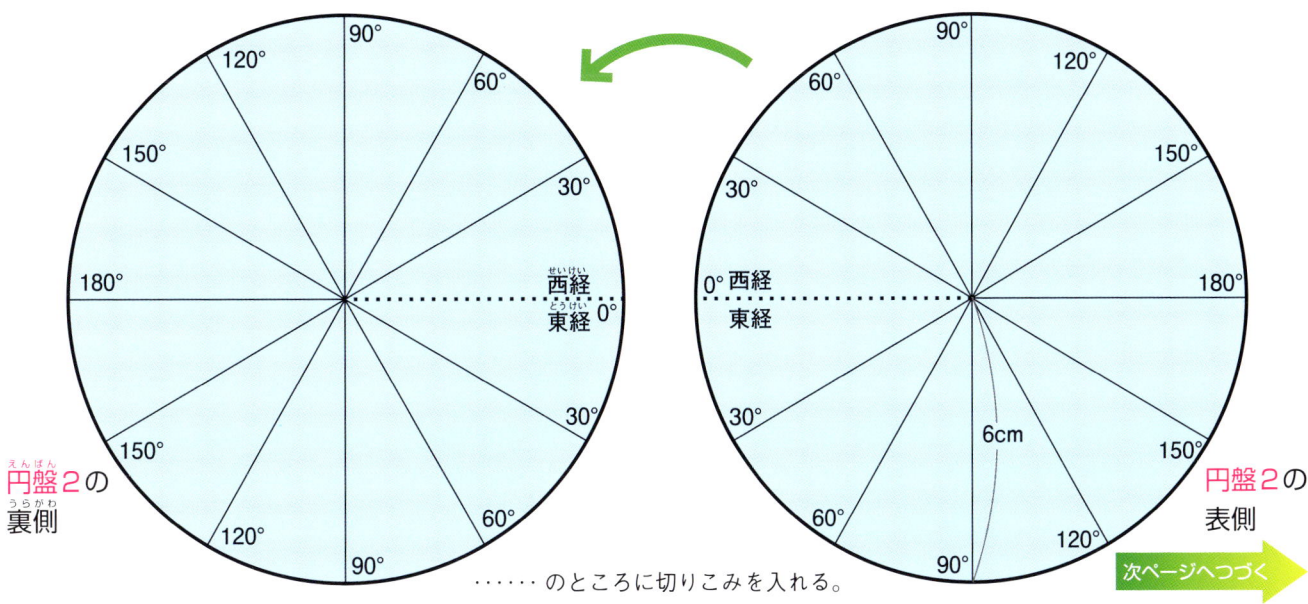

円盤2の裏側 ／ 円盤2の表側

……のところに切りこみを入れる。

次ページへつづく

3 半径 5.2cm の円を書き、下のように線を引いてから切りとる。おなじものを２枚つくり、円盤３・４をつくる。

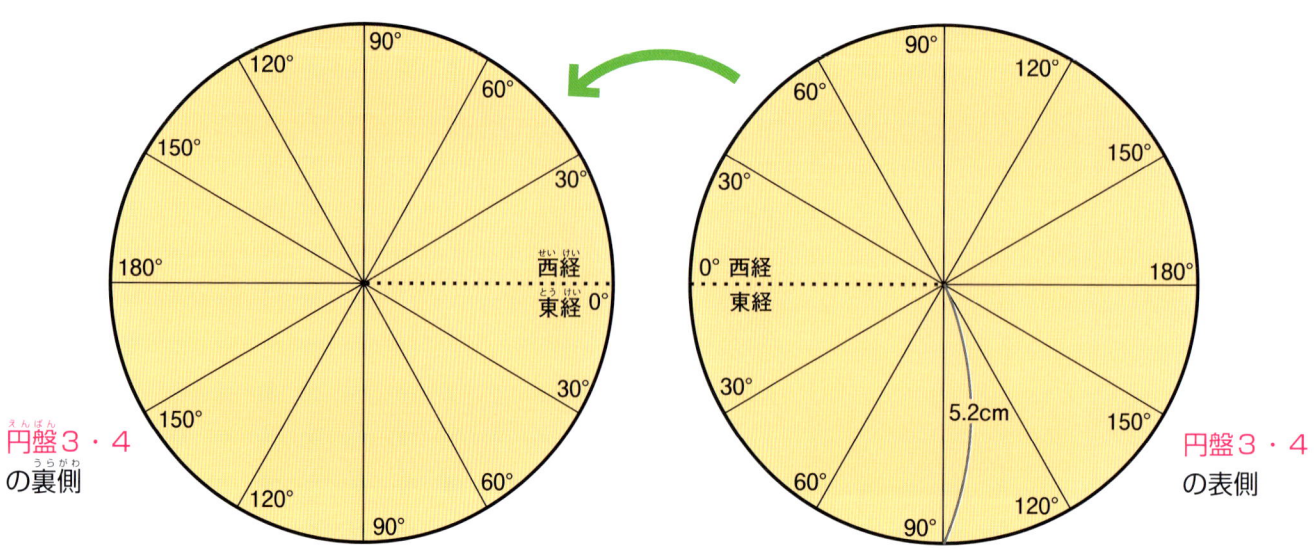

……のところに切りこみを入れる。

4 半径３cm の円を書き、下のように線を引いてから切りとる。おなじものを２枚つくり、円盤５・６をつくる。

5 下の半円（外側半径 7cm、内側半径 6cm）を書く。表と裏の両面に下のように線を引き、切りとって半円盤をつくる。

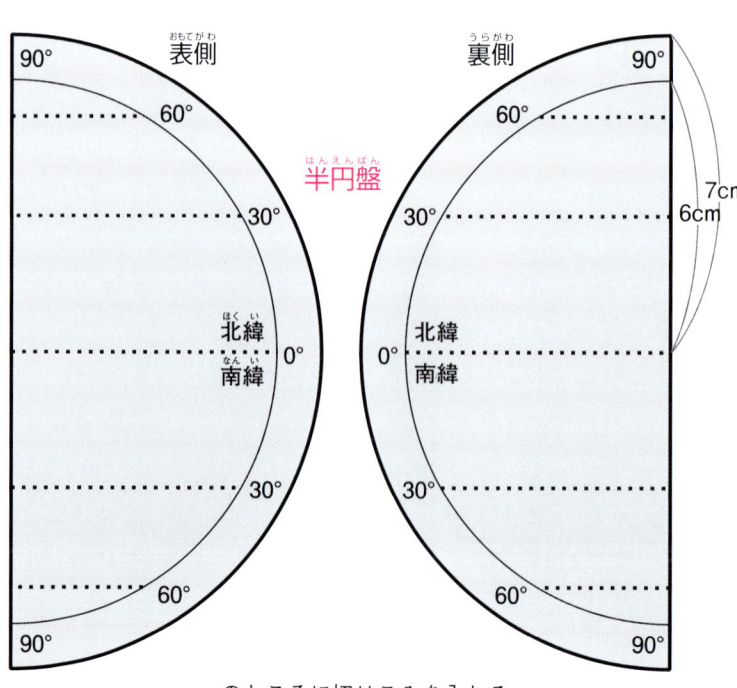

……のところに切りこみを入れる。　　……のところに切りこみを入れる。

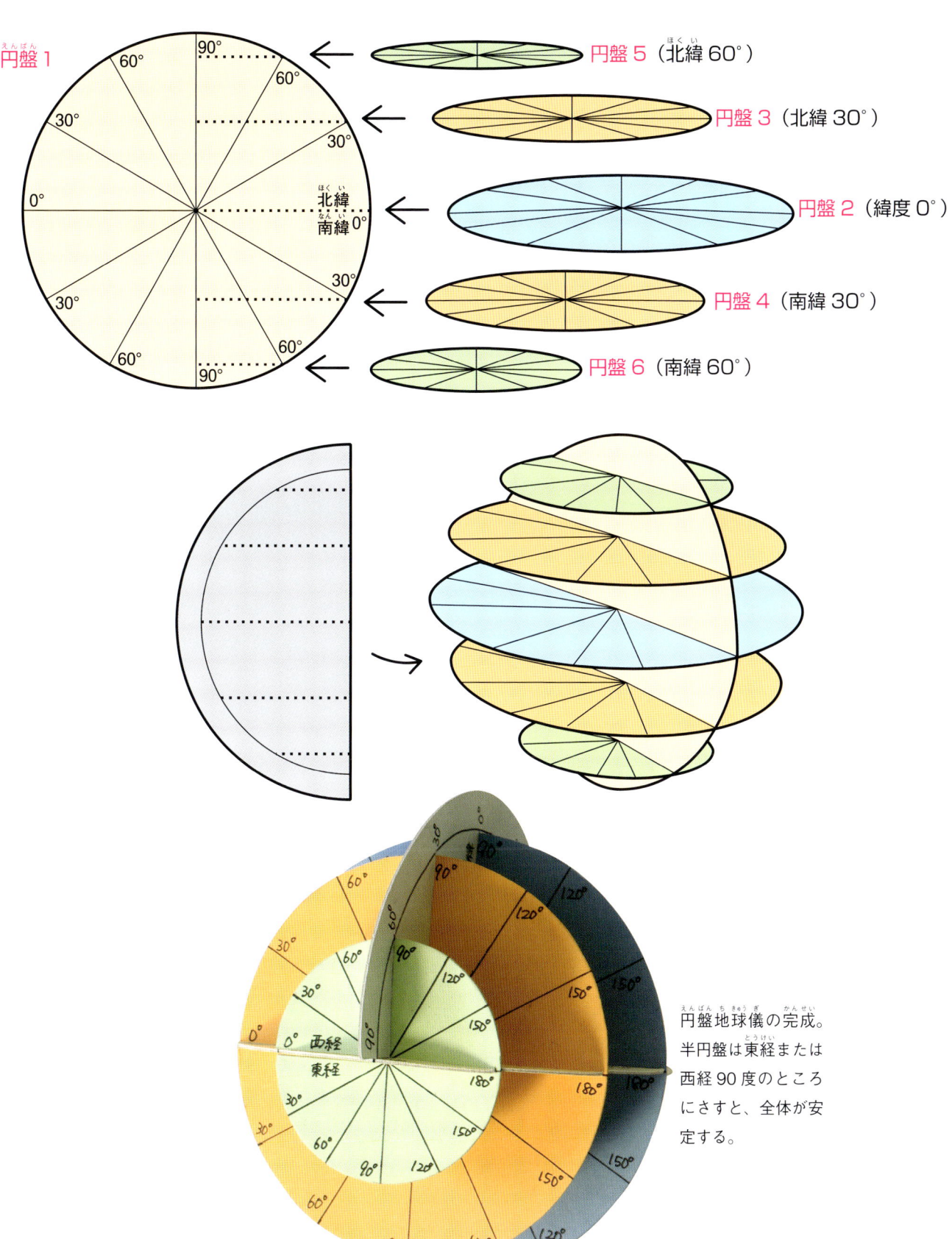

3 首都の緯度・経度

 東京とおなじくらいの緯度にあるのは、どの国の首都でしょう。また、各国の首都はどのあたりにあるのでしょう。

🌐 おなじくらいの緯度にある首都はどこ？

29ページで完成した地球儀のそれぞれの円盤上に、緯度にして30度の幅にある首都を書きこんでみましょう。

1 28ページの円盤5には、北緯60度以上にある首都を、下の例を参考にしておおよその経度のところに書きこむ。

2 28ページの円盤3には、北緯30度から60度未満にある首都を、下の例を参考にしておおよその経度のところに書きこむ。

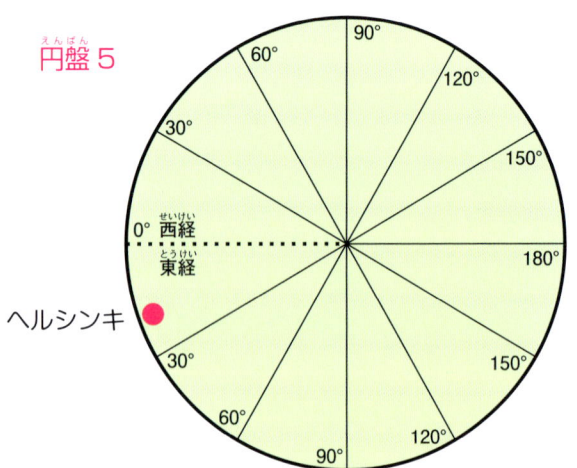

| ヘルシンキ（フィンランド） | 北緯60° | 東経24° |

東京（日本）	北緯35°	東経139°
ソウル（韓国）	北緯37°	東経126°
北京（中国）	北緯39°	東経116°
ロンドン（イギリス）	北緯51°	経度0°
パリ（フランス）	北緯48°	東経2°
ワシントンD.C.（アメリカ）	北緯38°	西経77°

※出典：理科年表　平成24年

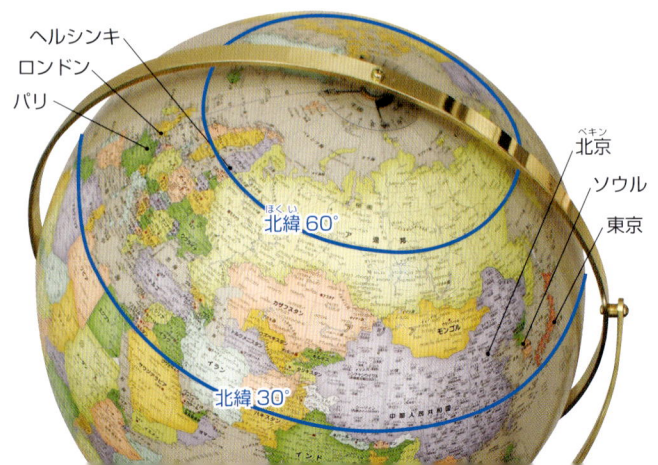

パート2 つくりかたの創意工夫

3 27ページの円盤2には、赤道から北緯30度未満にある首都を、下の例を参考にしておおよその経度のところに書きこむ。

ニアメ（ニジェール）	北緯13°	東経2°
アディスアベバ（エチオピア）	北緯9°	東経38°
リヤド（サウジアラビア）	北緯24°	東経46°

4 28ページの円盤4には、南緯30度から60度未満にある首都を、下の例を参考にしておおよその経度のところに書きこむ。

サンティアゴ（チリ）	南緯33°	西経70°
ブエノスアイレス（アルゼンチン）	南緯34°	西経58°
モンテビデオ（ウルグアイ）	南緯34°	西経56°

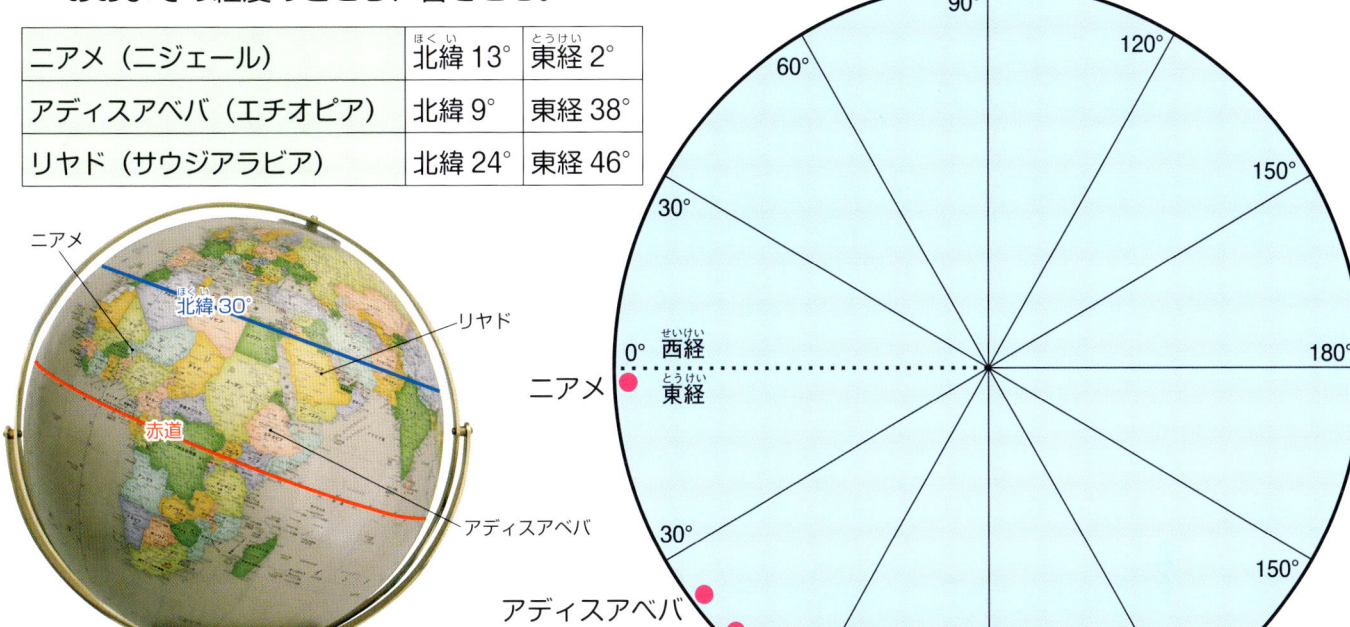

紙地球儀のスタンドをつくろう！

地球は垂直から 23.4 度かたむいています。その状態をかんたんにつくれる紙地球儀のスタンドのつくりかたを紹介します。

ペットボトル2本で

ここで紹介するのは、多面体地球儀にも円盤地球儀にもつかえるもので、しかも、ほんの数分でつくれるものです。

準備するもの
- ペットボトル（地球儀の大きさによって適当なものを決める）
- はさみ、またはカッター
- セロハンテープ、またはビニールテープ

1 下の図のようにペットボトルを切って、大小ふたつの形をつくる。

2 大小ふたつの形を口であわせ、ビニールテープでとめて、下の写真のような形にする。

3 小さいほうを上に向けて、その上に地球儀をのせる。ペットボトルの切り口を地球儀の大きさにあわせて切って、およそ23.4度になるように調整する。

パート3 資料編

1 世界の国のおもな都市の時差

イギリス、ロンドンのグリニッジ天文台をとおる経線が経度0度、そこから15度ずつずれると、時差が1時間ずつ大きくなります。

🌐 時差がマイナスの国

南アメリカのペルーの標準時は、イギリスとくらべ、−5時間です。これは、イギリスはペルーより5時間はやく朝がくるということです。このように、時差が−になる国は、イギリスの西側にあって、イギリスよりおそく朝がきます。

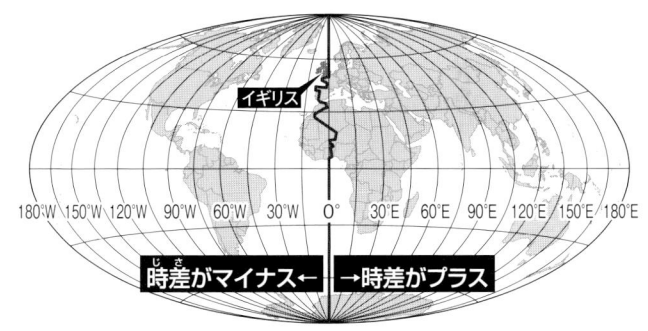

※30°Wは西経30度、30°Eは東経30度をあらわす。

■ 時差がマイナスの国

イギリスとの時差	おもな国（主要な都市）	日本との時差	日本時間0時	日本時間6時	日本時間12時	日本時間18時
−3	ブラジル（ブラジリア、サンパウロ、リオデジャネイロ）、アルゼンチン（ブエノスアイレス）、ウルグアイ（モンテビデオ）	−12時間	前日の12時	前日の18時	0時	6時
−4	ブラジル（マナオス）、ボリビア（ラパス）、パラグアイ（アスンシオン）、チリ（サンティアゴ）	−13時間	前日の11時	前日の17時	前日の23時	5時
−5	アメリカ（ワシントンD.C.、ニューヨーク）、カナダ（オタワ）、キューバ（ハバナ）、ペルー（リマ）	−14時間	前日の10時	前日の16時	前日の22時	4時
−6	アメリカ（シカゴ、ダラス）、メキシコ（メキシコシティ）、ホンジュラス（テグシガルパ）	−15時間	前日の9時	前日の15時	前日の21時	3時
−7	アメリカ（デンヴァー）、カナダ（エドモントン）	−16時間	前日の8時	前日の14時	前日の20時	2時
−8	アメリカ（ロサンゼルス、シアトル、サンフランシスコ）、カナダ（ヴァンクーヴァー）	−17時間	前日の7時	前日の13時	前日の19時	1時
−9	アメリカ（アンカレジ）	−18時間	前日の6時	前日の12時	前日の18時	0時
−10	アメリカ（ホノルル）	−19時間	前日の5時	前日の11時	前日の17時	前日の23時

※理科年表 平成24年による。

🌐 時差がプラスの国

イギリスは、朝がくるのが日本より9時間おそく、ニュージーランドより12時間おそくなります。このように、イギリスの東側にあって、先に朝がくる国は、時差が＋と記されます。また、時差は12時間が最大で、その東側（東経／西経180度）には、日付変更線があります（国や地域の関係で直線ではない）。

地球儀にしめされた日付変更線。国境にあわせて曲がっている。

■時差がプラスの国

イギリスとの時差	おもな国（主要な都市）	日本との時差	日本時間 0時	日本時間 6時	日本時間 12時	日本時間 18時
0	アイルランド（ダブリン）、ポルトガル（リスボン）	－9時間	前日の15時	前日の21時	3時	9時
＋1	フランス（パリ）、スペイン（マドリード）、イタリア（ローマ）、ドイツ（ベルリン）、ポーランド（ワルシャワ）、チェコ（プラハ）、ナイジェリア（アブジャ）	－8時間	前日の16時	前日の22時	4時	10時
＋2	ギリシャ（アテネ）、トルコ（アンカラ）、エジプト（カイロ）、南アフリカ（プレトリア、ヨハネスバーグ）	－7時間	前日の17時	前日の23時	5時	11時
＋3	サウジアラビア（リヤド、メッカ）、ケニア（ナイロビ）、マダガスカル（アンタナナリボ）	－6時間	前日の18時	0時	6時	12時
＋3.5	イラン（テヘラン）	－5.5時間	前日の18時30分	0時30分	6時30分	12時30分
＋4	ロシア（モスクワ）、アラブ首長国連邦（アブダビ）、オマーン（マスカット）	－5時間	前日の19時	1時	7時	13時
＋4.5	アフガニスタン（カブール）	－4.5時間	前日の19時30分	1時30分	7時30分	13時30分
＋5	ウズベキスタン（タシケント）、パキスタン（イスラマバード）	－4時間	前日の20時	2時	8時	14時
＋5.5	インド（デリー、バンガロール、ムンバイ）、スリランカ（スリジャヤワルダナプラコッテ）	－3.5時間	前日の20時30分	2時30分	8時30分	14時30分
＋6	キルギス（ビシュケク）、バングラデシュ（ダッカ）	－3時間	前日の21時	3時	9時	15時
＋7	ロシア（ノヴォシビルスク）、タイ（バンコク）、ベトナム（ハノイ）、インドネシア（ジャカルタ）	－2時間	前日の22時	4時	10時	16時
＋8	ロシア（東経82.5度～112.5度）、モンゴル（ウランバートル）、中国（北京、上海、香港）、フィリピン（マニラ）、オーストラリア（パース）	－1時間	前日の23時	5時	11時	17時
＋9	ロシア（バイカル湖周辺）、日本、韓国（ソウル、釜山）、パラオ（マルキョク）	0時間	0時	6時	12時	18時
＋9.5	オーストラリア（アデレード）	＋0.5時間	0時30分	6時30分	12時30分	18時30分
＋10	オーストラリア（シドニー、キャンベラ）	＋1時間	1時	7時	13時	19時
＋11	ロシア（東経127.5度～142.5度）、バヌアツ（ポートビラ）	＋2時間	2時	8時	14時	20時
＋12	ロシア（東経142.5度以東）、ニュージーランド（ウェリントン）	＋3時間	3時	9時	15時	21時

※理科年表 平成24年による。

2 サマータイムってなに？

サマータイムということばをきいたことがありますか。北半球ではだいたい4月〜10月、南半球ではおおよそ10月〜3月に実施されています。

🌐 サマータイムのおもな導入国

現在、ヨーロッパや南北アメリカを中心に世界の約70か国がサマータイム*を導入しています。実施期間中、それらの国では、日本との時差がそれぞれ1時間少なくなります。

太陽の出ている時間が長い夏、学校や会社がはやくはじまりはやくおわるので、明るい時間を有効につかえ、電力の節約にもなるといった利点があります。

*夏のあいだ、時計を標準時より1時間進める制度。

北半球のおもな実施国
イギリス、ドイツ、フランス、イタリア、オランダ、ベルギー、ルクセンブルク、フィンランド、スウェーデン、オーストリア、デンマーク、スペイン、ポルトガル、ギリシャ、アイルランド、アメリカ（一部を除く）、カナダ（一部を除く）、スイス、ノルウェー、トルコ、チェコ、ハンガリー、ポーランド、スロバキア、キューバ、イスラエル、イランなど

南半球のおもな実施国
オーストラリア（一部を除く）、ニュージーランド、ウルグアイ、ブラジル（一部を除く）、ナミビアなど

🌐 日本では？

日本でも太平洋戦争終戦直後の1948年から4年間、サマータイムが実施されていました。しかし、交通機関の混乱などの理由で反対の声が多くあがり、1952年に廃止となりました。

また、2011年の東日本大震災で福島第一原子力発電所が被災し、じゅうぶんに電力を供給できなくなった際、日中の消費電力を節約するためにサマータイムを導入しようという声があがりました。ところが、湿度が高く、むし暑い日本の気候では、節電効果が小さいことなどから、導入するにはいたりませんでした。

1949年、サマータイムを4月から実施したときの時計店のようす。当時は「サマー」を「サンマー」といっていたことが写真からわかる。　　写真：毎日新聞社「昭和史 第13巻」

コラム 円柱地球儀をつくろう！

この本の最後は、地図をつつ状にまいただけの円柱地球儀をつくってみましょう！

円柱地球儀

下は、よく見かける地図をまいてつつ状（円柱）にし、32ページでつくったスタンドにのせただけのものです。スタンドとつつとは、セロハンテープでとめてあります。これだけでも、地球儀のようすが感じられますよ。

円柱の24コマ写真

9ページで見た地球儀の24コマ写真と、円柱地球儀の24コマ写真をくらべてみましょう。赤道近くでは、そうかわらないことがわかるでしょう。

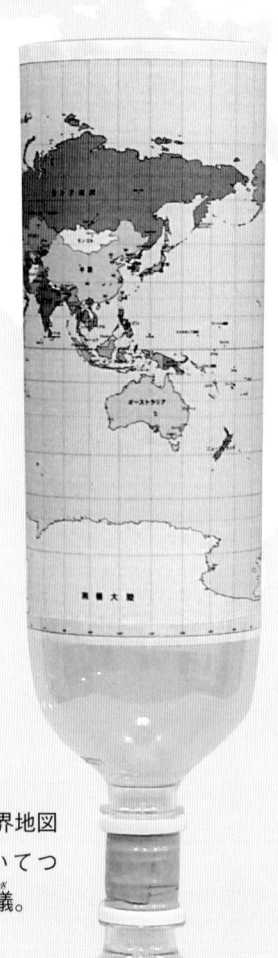

ミラー図法の世界地図をつつ状にまいてつくった円柱地球儀。

円筒図法とは？

下の図のように、地球儀の中心に電灯を置いて、地球儀にかぶせた円柱をスクリーンにして地表のようすをうつし出し、円柱を切りひらいて平面にしたものが円筒図法の地図です。

そもそも地図とは、このような考えかたで、地球をうつし出した（投影した）図のことなのです。左の写真が地球儀の写真と似ているのも当然ですよ。

地図をまいただけのつつ状のもの（円柱地球儀）はとてもかんたんにつくることができますが、じつは、地球儀の本質をあらわしているといえるでしょう。

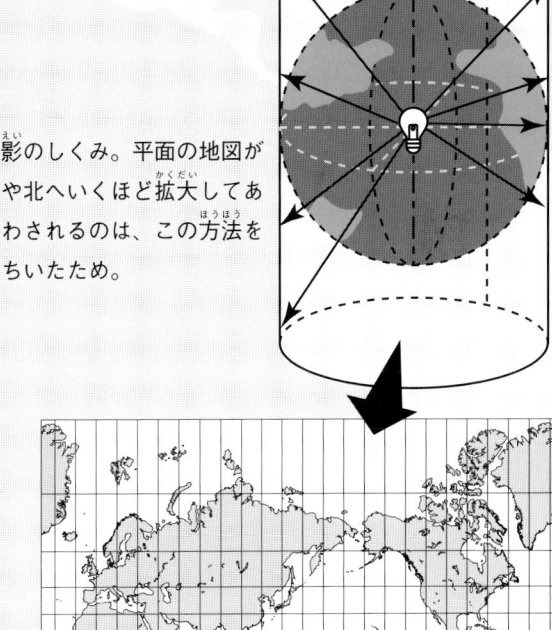

投影のしくみ。平面の地図が南や北へいくほど拡大してあらわされるのは、この方法をもちいたため。

あ行

- アポロ宇宙船 あぽろうちゅうせん …………… 13
- 緯線 いせん ………………………………………… 8
- 緯度 いど ……………………………………… 8, 30
- 円 えん ………………………………… 4, 5, 27, 28
- 円錐 えんすい ……………………………………… 26
- 円柱 えんちゅう ………………………………… 26, 36
- 円柱地球儀 えんちゅうちきゅうぎ ……………… 36, 37
- 円筒図法 えんとうずほう ………………………… 37
- 円盤地球儀 えんばんちきゅうぎ …………… 26, 29, 32

か行

- 海王星 かいおうせい ……………………………… 14
- 角 かく ……………………………………………… 5
- 火星 かせい ………………………… 12, 13, 14, 15
- 火星儀 かせいぎ …………………………………… 12
- ガリレオ衛星 がりれおえいせい ………………… 15
- 北半球 きたはんきゅう …………………………… 35
- 球 きゅう ………………………………… 4, 5, 26
- 金星 きんせい ………………………… 13, 14, 15
- グリニッジ天文台 ぐりにっじてんもんだい …… 33
- 経線 けいせん …………………………………… 8, 33
- 経度 けいど ……………………………………… 30, 31
- 月球儀 げっきゅうぎ ……………………………… 12
- 公転 こうてん …………………………………… 13, 14
- 公転周期 こうてんしゅうき ……………………… 13
- 合同 ごうどう ……………………………………… 4

さ行

- サッカーボール型地球儀 さっかーぼーるがたちきゅうぎ ………………………………………………… 5
- サッカーボール天体 さっかーぼーるてんたい ………………………………………… 12, 14, 15
- サマータイム ……………………………………… 35
- 三十二面体 さんじゅうにめんたい ……………… 10
- 時差 じさ …………………………… 33, 34, 35
- 自転 じてん ………………………………………… 13
- 自転周期 じてんしゅうき ………………………… 13
- 十四面体 じゅうしめんたい …………………… 5, 7
- 水星 すいせい …………………………… 14, 15
- 正五角形 せいごかくけい ……………………… 5, 10
- 正三角形 せいさんかくけい …………………… 4, 5, 7
- 正三十六角形 せいさんじゅうろっかくけい …… 5
- 正四角形（正方形）せいしかくけい（せいほうけい） …… 5
- 正四面体 せいしめんたい ……………………… 4, 6
- 正十二角形 せいじゅうにかくけい ……………… 5
- 正十二面体 せいじゅうにめんたい ………… 4, 6, 16
- 正十六角形 せいじゅうろっかくけい …………… 5
- 正多角形 せいたかくけい ……………………… 4, 5
- 正多面体 せいためんたい ……………………… 4, 5
- 正二十面体 せいにじゅうめんたい ………… 4, 7, 18
- 正二十四角形 せいにじゅうよんかくけい ……… 5
- 正八面体 せいはちめんたい …………… 4, 6, 8, 17
- 正百角形 せいひゃっかくけい …………………… 5
- 正六面体（立方体）せいろくめんたい（りっぽうたい） …… 4, 6
- 正六角形 せいろっかくけい …………………… 5, 10
- 赤道 せきどう ……………………… 8, 23, 31, 36
- 設計図 せっけいず ………………………………… 6

た行

- 太陽系 たいようけい ……………………………… 14
- 太陽系モビール たいようけいもびーる ………… 14
- 多角形 たかくけい ………………………………… 5
- 多面体 ためんたい ……………………… 5, 6, 8, 16
- 探査機 たんさき ………………………………… 13
- 頂点 ちょうてん …………………………… 4, 5, 26
- 月 つき ………………………………… 12, 13, 14, 15
- 展開図 てんかいず ………………………… 6, 8, 16, 26
- 天体 てんたい …………………………………… 12
- 天王星 てんのうせい …………………………… 14
- 土星 どせい ………………………………… 14, 15

な行

- 南極 なんきょく ………………………………… 24
- 南極点 なんきょくてん …………………………… 8
- 二十六面体 にじゅうろくめんたい ……………… 5, 7
- のりしろ ………………………………………… 6

は行

- バナナ型 ばななかた …………………………… 23
- ピタゴラス ……………………………………… 4
- 日付変更線 ひづけへんこうせん ……………… 34
- 標準時 ひょうじゅんじ ……………………… 33, 35
- 舟底形 ふなぞこがた …………………………… 23
- プラトン ………………………………………… 4
- 辺 へん …………………………………… 4, 6, 8
- 紡錘形 ぼうすいけい …………………………… 23
- 北極 ほっきょく ………………………………… 24
- 北極点 ほっきょくてん …………………………… 8

ま行

- 南半球 みなみはんきゅう ……………………… 35
- 面 めん …………………………………… 4, 5, 8, 16
- 木星 もくせい ………………………………… 13, 14, 15

ら行

- リンゴ型 りんごがた …………………………… 24
- ルナ3号 るなさんごう ………………………… 13
- 惑星 わくせい ………………………………… 14, 15

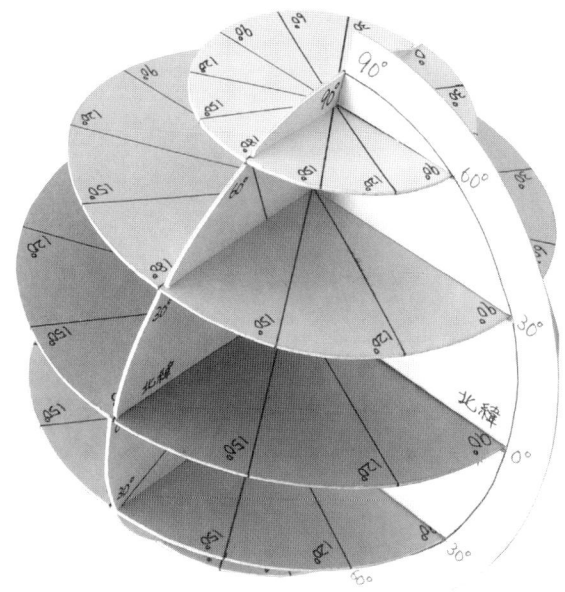
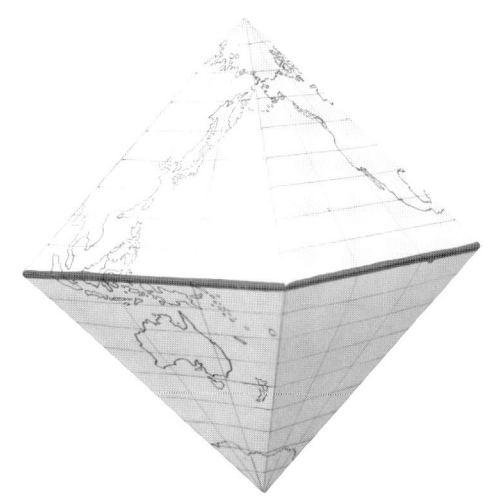

□監修／佐藤正志
1949年、東京生まれ。東京都公立小学校教諭・教育委員会指導主事・公立小学校校長などを経て、現在は白梅学園大学教授。専門は社会科教育・学校経営。著書に『社会科 歴史を体験する授業』(国土社)、『「教師力」を育成する社会科授業入門』(明治図書出版) など。

□著者／稲葉茂勝
1953年、東京生まれ。東京外国語大学卒。編集者として、これまでに800冊以上を担当。そのあいまに著述活動もおこなってきている。おもな著書には、『大人のための世界の「なぞなぞ」』『世界史を変えた「暗号」の謎』(共に青春出版社)『世界のあいさつことば』(今人舎)、「世界のなかの日本語」シリーズ1、2、3、6巻 (小峰書店)、「さがし絵で発見！世界の国ぐに」シリーズ①日本、②韓国、③中国、⑤アメリカ (あすなろ書房) など多数ある。

□編集／こどもくらぶ
こどもくらぶは、あそび・教育・福祉分野で、子どもに関する書籍を企画・編集しているエヌ・アンド・エス企画編集室の愛称。年間100冊程度を制作している。
「世界地図から学ぼう国際理解」全6巻 (ほるぷ出版)
「池上彰のニュースに登場する国ぐにのかげとひかり」全4巻 (さ・え・ら書房)
「統計・資料で見る日本地図の本」全8巻 (岩崎書店)

□協力
株式会社渡辺教具製作所

■写真協力および資料提供 (掲載順)
有限会社小松ダイヤモンド工業所、NASA、BeagleGraph.com (http://beaglegraph.com/)、落合雄介、Carlos A. Furuti、月探査情報ステーション

■企画・編集
株式会社
エヌ・アンド・エス企画

■デザイン・DTP
高橋博美

※この本の情報は、2012年2月までに調べたものです。今後変更になる可能性がありますので、ご了承ください。

発見・体験！ 地球儀の魅力 ③地球儀を自作しよう！

2012年3月31日 初版第1刷発行
著 者　稲葉茂勝

発行人　松本恒
発行所　株式会社 少年写真新聞社
　　　　〒102-8232　東京都千代田区九段南4-7-16 市ヶ谷KTビルI
　　　　電話 03-3264-2624　FAX 03-5276-7785
　　　　URL http://www.schoolpress.co.jp
印刷所　図書印刷株式会社

© INABA Shigekatsu 2012 Printed in Japan　　　　　　　ISBN978-4-87981-414-2　C8644　NDC290
本書を無断で複写、複製、デジタルデータ化することを禁じます。乱丁・落丁本はお取り替えいたします。定価はカバーに表示してあります。